稲垣文彦 ほか著　小田切徳美 解題

震災復興が語る
農山村再生

地域づくりの本質

コモンズ

中越大震災の概要		
発生時刻	2004年10月23日17時56分	
震源地	新潟県中越地方	
震源の深さ	約13km	
地震規模	マグニチュード6.8	
震度	7	川口町
	6強	小千谷市、山古志村、小国町
	6弱	長岡市、十日町市、堀之内町、中里村、守門村、川西町、越路町、刈羽村、栃尾市、三島町、広神村、入広瀬村

図１　新潟

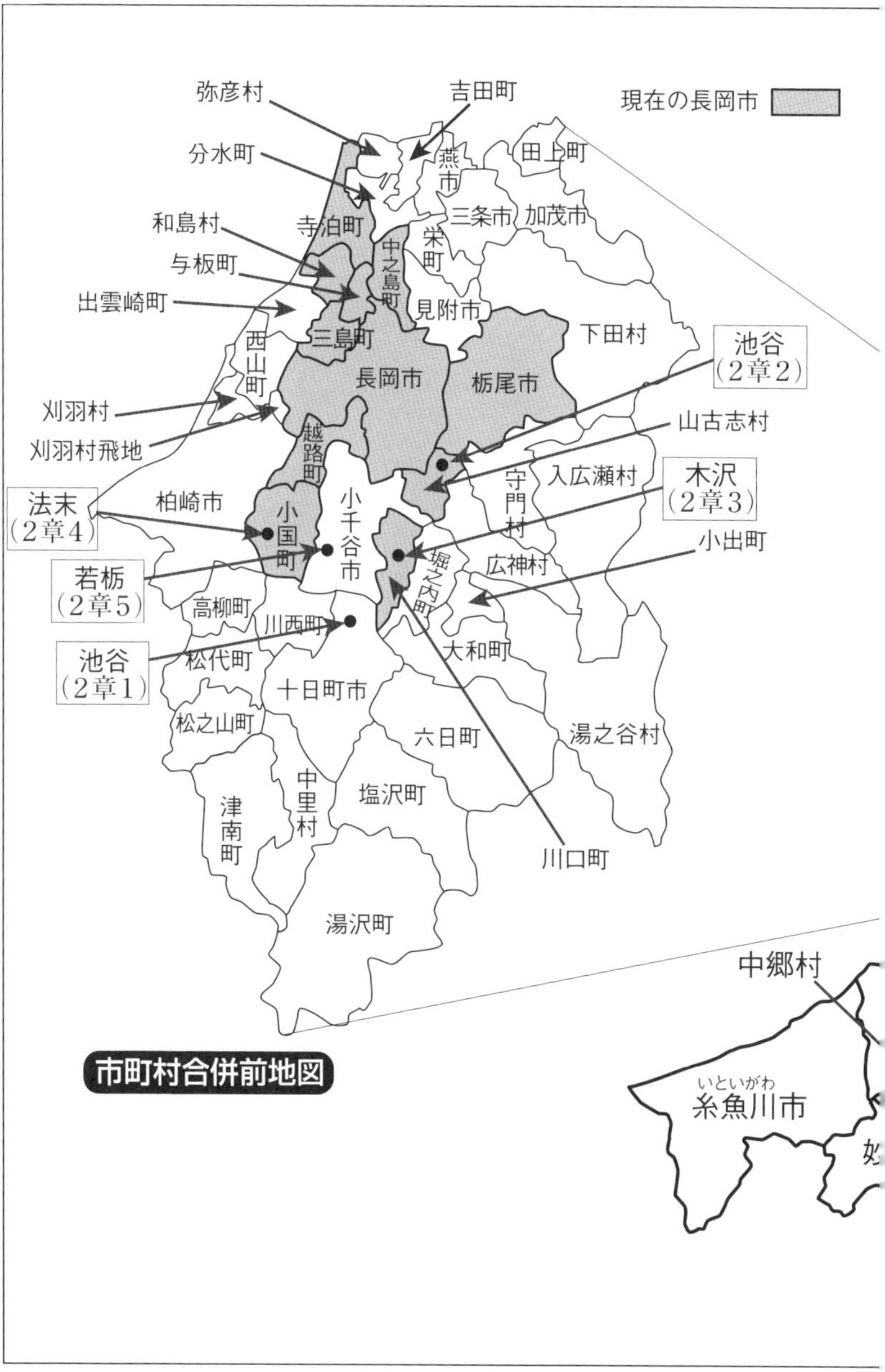

現在の長岡市
弥彦村
吉田町
分水町
燕市
田上町
和島村
寺泊町
三条市
加茂市
与板町
中之島町
栄町
出雲崎町
見附市
西山町
三島町
下田村
長岡市
栃尾市
池谷
（2章2）
刈羽村
刈羽村飛地
越路町
山古志村
守門村
入広瀬村
木沢
（2章3）
法末
（2章4）
柏崎市
小国町
小千谷市
堀之内町
小出町
若栃
（2章5）
広神村
高柳町
川西町
池谷
（2章1）
松代町
大和町
十日町市
松之山町
六日町
湯之谷村
中里村
塩沢町
津南町
川口町
湯沢町
中郷村
市町村合併前地図
糸魚川市《いといがわ》

プロローグ　人口減少社会の扉を開けた中越地震

農山村を襲った地震

二〇〇四年一〇月二三日、午後五時五六分。これまでに経験したこともない激しい揺れが新潟県中越地方の農山村を襲った。新潟県中越地震である。地震の規模はマグニチュード六・八。震源地に近い旧川口町（現長岡市）では震度七を観測し（図1）、この地震によって史上初めて新幹線が脱線した。人的被害は、死者六八人、重軽傷者四七九五人。家屋被害は、全壊三一七五棟、半壊一万三八一〇棟、一部損壊一〇万四六一九棟。約六〇〇カ所に避難所が設置され、ピーク時には約一〇万人が避難した。

この地震の特徴は、農山村の地盤災害である。地震によって山々が崩れ、道路をふさぎ、多くの集落が孤立した。道路に大きく「SOS、たべもの、ミルク、オムツ、くすり」と書かれた旧川口町（現長岡市）和南津《わなづ》地区の映像や、山崩れが川をせき止め、上流の小さな集落が水没していく旧山古志《やまこし》村（現長岡市）木籠《こごも》集落のヘリコプターからのライブ映像は、全国に伝わった。旧山古志村は、全村避難を余儀なくされる。加えて、被害の大きかった旧川口町、旧小国町（現長岡市）、小千谷《おぢや》市などの住民は、住み慣れた地域を離れ、二カ月の避難所生活、その後、短い世帯で約半

震源地に近い旧川口町和南津地区〈提供：新潟日報社〉

年、長い世帯で三年二カ月の応急仮設住宅の生活を送ることになる。

被害の大きかった農山村では、震災を機に利便性を求めて地域を離れる人が多く、過疎化と高齢化が急速に進んだ。震災前と震災後の世帯数を比較すると、旧山古志村で七四％、小千谷市東山地区で五四％と、大幅に減少している（二〇〇八年三月時点）。一説では、震災が過疎化の時計の針を一五〜二〇年早めたという。したがって、中越地震の復興の課題は「農山村地域の持続可能性の獲得」となり、新潟県は「活力に満ちた新たな持続可能性の獲得」を復興の柱にすえた。

「災害は社会のひずみを顕在化させる」と言われる。このひずみとは「災害前から潜在的にあった地域社会の課題」である。中越地震は、農山村の過疎化と高齢化という課題を顕在化させた。ただし、ここで勘違いしてはいけない。過疎化と高齢化は、あくまでも現象である。この現象自体を課題だと言っているわけではない。重要なのは、この現象を引き起こした本質的な課題はどこにあるかということだ。

私は、中越地震が顕在化させた本質的な課題は「過疎化・高齢化の課題に主体的に向き合ってこなかった地域社会の姿勢」にあると考えている。すなわち、震災前から過疎化・高齢化の課題があったものの、その課題を自分ごととして捉えず、誰か、もしくは何かのせいに（依存）し、自ら主体的に課題解決に向けて動き出していなかった地域社会（住民、行政機関、周辺の住民）の姿勢である。そして、この地域社会の姿勢を変えていくことこそが、中越地震の復興の本質的な課題であったと考えている。

人口減少社会の扉を開けた震災

時代には「ピリオド」と「エポック」がある。一定の社会構造が維持されている時期をピリオド、ひとつの社会構造が崩れ、新しい社会構造が生まれる時期をエポックという。災害がピリオドで起きたかエポックで起きたかによって、復興のかたちは大きく変わる。その違いを図2に示す。

二〇一四年現在の時代背景はエポック。日本では二〇〇九年から総人口が減少し始めた。現在、人口減少時代へ変わろうとしている。人口が増加し、経済もその果実によって成長してきた時代（従来の社会）の構造は、制度疲労を起こしているといえる（年金制度をイメージすると、わかりやす

図２　ピリオドとエポックによる復興の違い

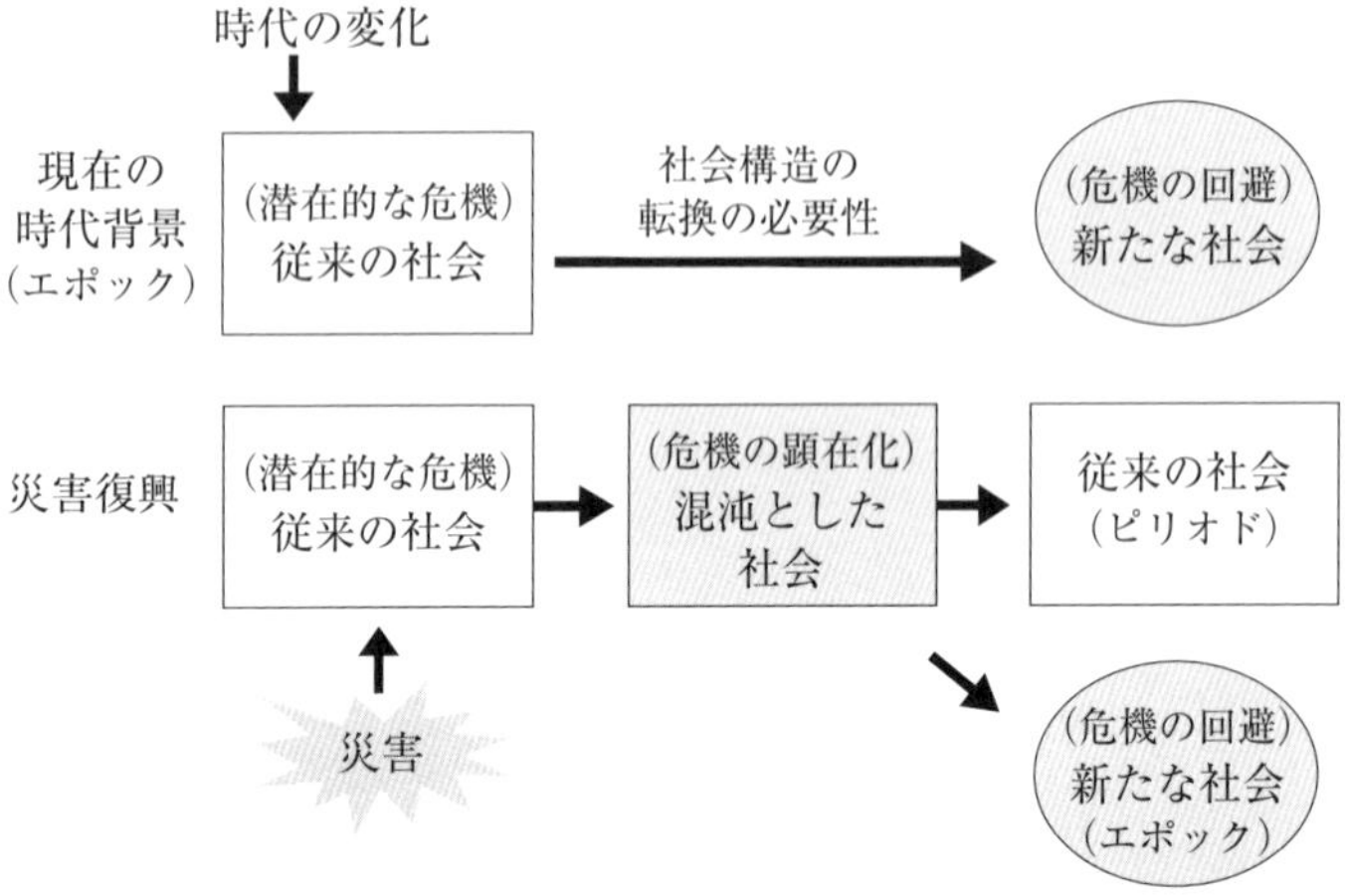

い）。このため、人口減少時代という「新たな社会」に転換していかなければならない。ところが、長年積み重ねてきた従来の社会構造の成功体験に足を引っ張られ、転換の必要性は感じつつも変わることができない。あるいは、変わろうとしない。

災害は自然現象のインパクトによって社会を混沌とさせ、潜在的な危機（制度疲労した社会構造）を顕在化させる。ピリオドの復興であれば、従来の社会構造を変える必要はない。元どおりに戻せば復興できる。しかし、エポックの復興ではそうはいかない。新たな社会構造への転換が迫られる。

中越地震が起きた二〇〇四年に、都会では人口減少の危機感はなかったといってよいだろう。中越地方でも危機感を薄々感じてはいたものの、社会構造転換の必要性は感じていなかったし、動き出してもいなかった。だが、震災によって危機が顕在化し、期せずして人口減少時代のトップランナーとなる。「いかに地域を持続させていくか」を、人口減少のなかで考えざるを得なくなったのである。まさに、新たな社会構造の転換を迫ったのが中越地震であった。これが「人口減少社会の扉を開けた震災」と呼ばれるゆえんである。

例え話として「ゆでガエル」の話をしよう。まず、カセットコンロに水が入った鍋を載せ、水の中にカエルを放す。次に、カセットコンロを弱火にする。カエルは、少しずつ暖かくなる水に気づかず泳いでいる（薄々気づいているのだが）。熱くなったと気づいたときは、すでに遅い。鍋から飛び出す気力も体力もなく、最後はゆでガエルになって死んでいく。

鍋の水は「従来の社会構造」、カエルは「いまを生きるわれわれ」、弱火は「時代の変化」と考えてみよう。中越地震は、カセットコンロの弱火を突然、強火にした。カエルは急に熱くなったことに気づき、まだ気力も体力もあったので、鍋から飛び出した。飛び出した後、新たな環境にどのように適応してきたのかが、中越地震からの復興の話だ。

そして、この話はきっと、いまも鍋で泳いでいる、もしくは飛び出そうとしている各地の「カエルたち」の役に立つだろう。

〈稲垣文彦〉

第1章

震災復興に立ち向かった10年

——なぜ「地域づくりの本質」が見えたのか

中越地震で大規模な土砂の崩落が生じた長岡市妙見町の道路。
4台の車が巻き込まれ、2人が亡くなった〈提供：新潟日報社〉。

1 小さな声を復興の大きな流れへ——ボランティアからすべてが始まった

復興の一〇年を振り返る

二〇一四年一〇月に中越地震から一〇年を迎える。そこで一〇年間の復興プロセスを、①新潟県中越大震災復興計画の推移、②農山村支援の考え方、③新潟県中越大震災復興基金(以下、復興基金)施策の推移、④支援活動の変遷、そして、⑤支援組織の変遷を軸にまとめてみた(図3)。

ここでは、この図をもとに一〇年間の復興の歩みを振り返っていきたい。なお、本節では、地域づくりの本質がみえてきた原点である震災から約三年間の活動について、時系列に詳しく紹介する。以降の活動については概要のみでとどめ、最後に震災復興を支えたガバナンスについて紹介したい。なお、この図は本書を読むうえでのガイドラインとして活用いただきたい。

災害ボランティアから復興支援へ

中越地方の被災地に駆けつけたボランティアは、約九万人にも及ぶ。ボランティアたちは、避難所から仮設住宅までさまざまな活動を展開した。二〇〇四年から〇五年にかけては豪雪で、除雪支援にも活躍した。降り積もった雪がとけ、春になると、被災者の生活も落ち着く。それにともない、ボランティアの数もしだいに少なくなった。

二〇〇五年三月、ボランティアの第一線で活躍していた関係者を一堂に集めたシンポジウムが長岡市で開催される。ここで、復興支援を目的とした中間支援組織(住民、行政、支援者、専門家などをつなぐ役割)の必要性が議論された。これを契機に、「災害救援を目的とする災害ボランティアセンター」から「復興支援を目的とする中間支援組織」への移行の議論が始まる。

二〇〇五年五月、地域復興のための中間支援組織「中越復興市民会議」(以下、市民会議)が発足した。当初の専任スタッフは二人だけ、本書の著者である稲垣文彦と阿部巧だ。稲垣は山古志災害ボランティアセンターで、阿部は災害ボランティアセンターを支える新潟市のバックオフィスで、それぞれボランティアをしていた。その後、順次、阪神・淡路大震災のボランティア経験者、青年海外協力隊の経験者などをスタッフに加えていく。

「一人ひとりの小さな声を復興の大きな流れへ」をモットーに華々しくスタートした市民会議であったが、当時はボランティアによる復興支援自体が珍しかった。市民会議は一般市民や専門家から稀有の目で見られ、「道路や家も直せない、福祉の知識もないボランティアが、何の復興支援をするというのか」と揶揄される。壊れた道路や住宅のような目に見えるものを直すことが復興というイメージが強い時代で、市民会議への評価は復興に対する世の中の認識を色濃く反映していた。

プロセス

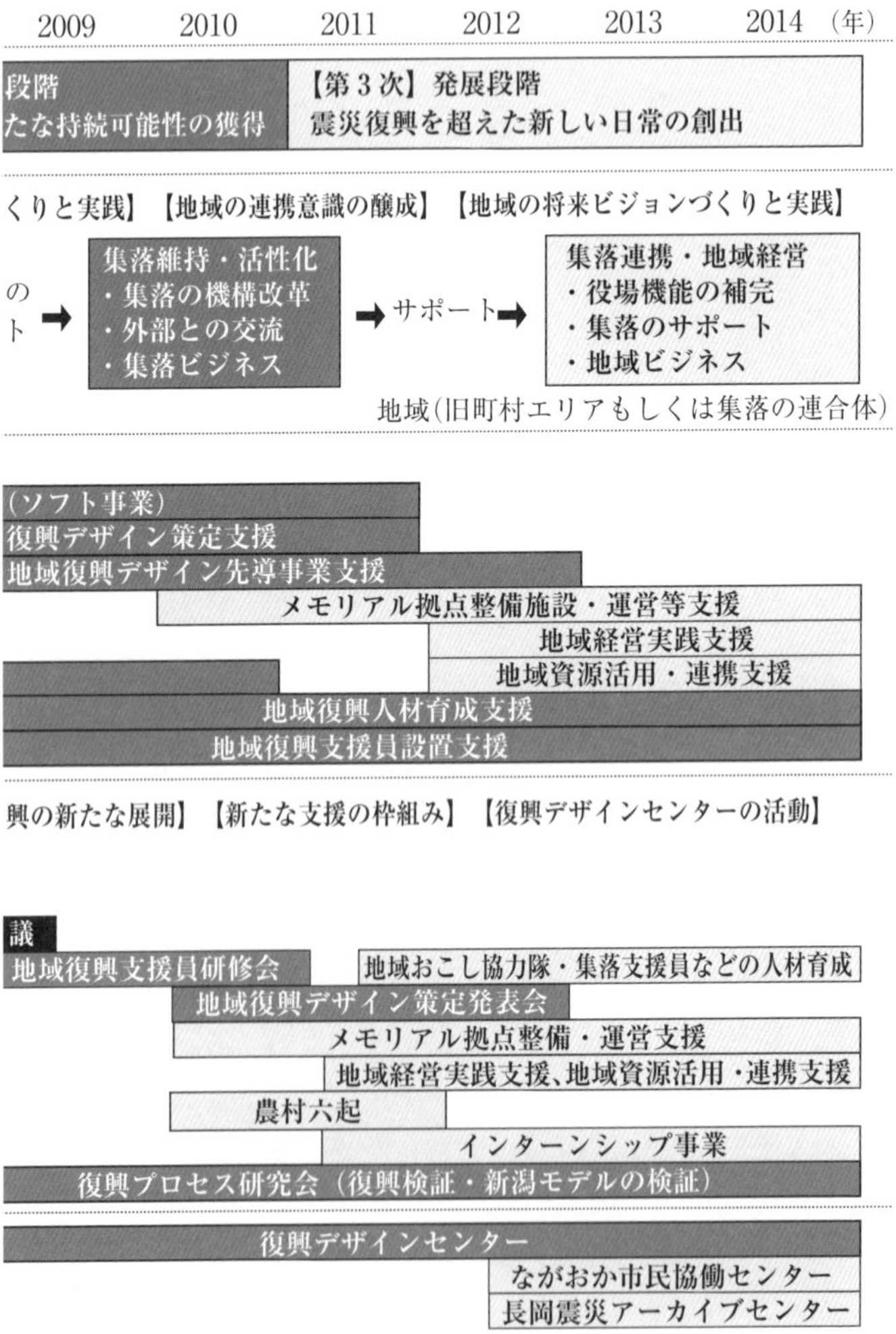
2009
2010
2011
2012
2013
2014 （年）
段階
たな持続可能性の獲得
【第３次】発展段階
震災復興を超えた新しい日常の創出
くりと実践】
【地域の連携意識の醸成】
【地域の将来ビジョンづくりと実践】
の
ト
集落維持・活性化
・集落の機構改革
・外部との交流
・集落ビジネス
サポート
集落連携・地域経営
・役場機能の補完
・集落のサポート
・地域ビジネス
地域(旧町村エリアもしくは集落の連合体)
(ソフト事業)
復興デザイン策定支援
地域復興デザイン先導事業支援
メモリアル拠点整備施設・運営等支援
地域経営実践支援
地域資源活用・連携支援
地域復興人材育成支援
地域復興支援員設置支援
興の新たな展開】
【新たな支援の枠組み】
【復興デザインセンターの活動】
議
地域復興支援員研修会
地域おこし協力隊・集落支援員などの人材育成
地域復興デザイン策定発表会
メモリアル拠点整備・運営支援
地域経営実践支援、地域資源活用・連携支援
農村六起
インターンシップ事業
復興プロセス研究会（復興検証・新潟モデルの検証）
復興デザインセンター
ながおか市民協働センター
長岡震災アーカイブセンター

図3　復興の

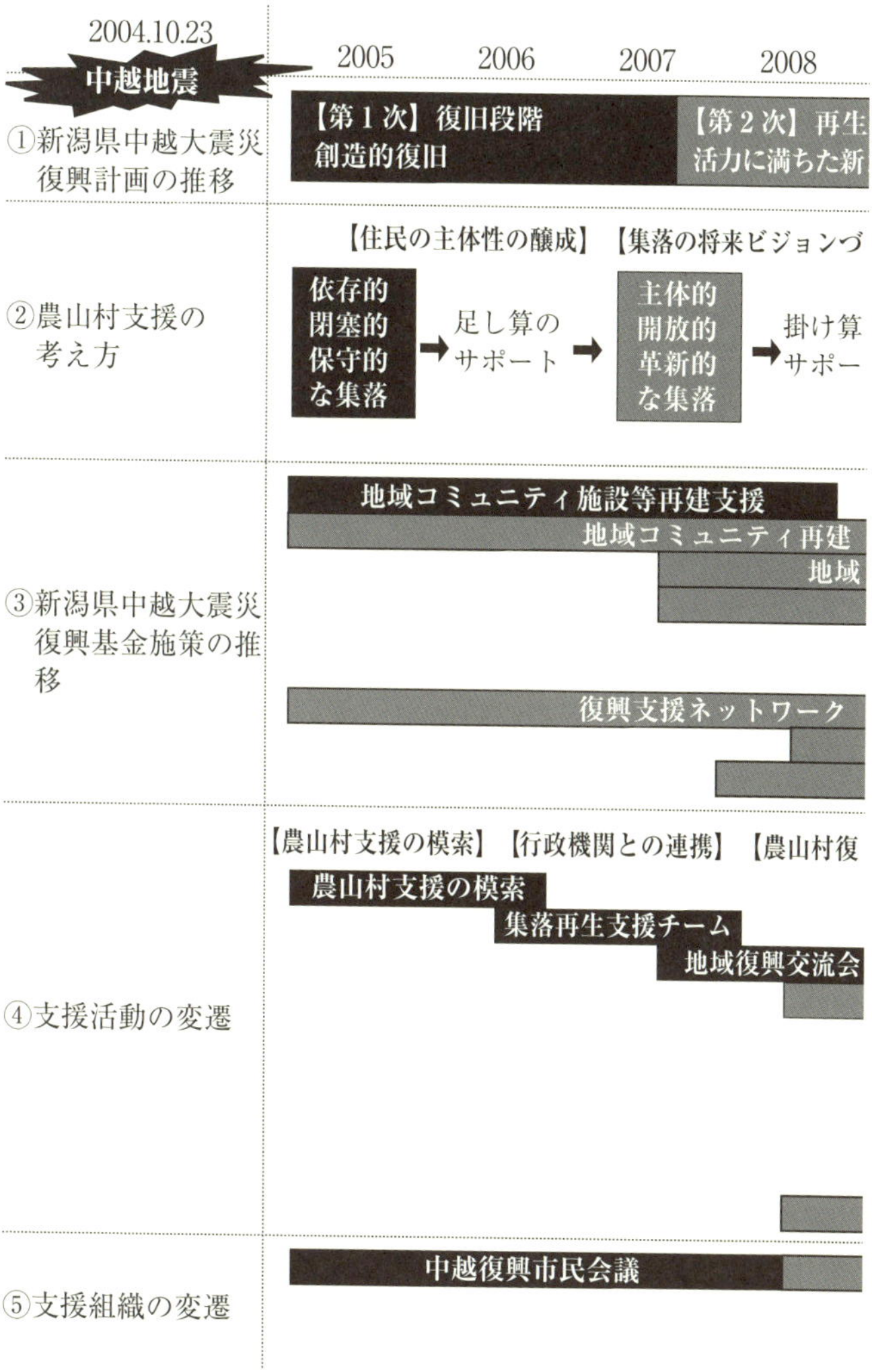
2004.10.23
中越地震
2005
2006
2007
2008
①新潟県中越大震災復興計画の推移
【第1次】復旧段階
創造的復旧
【第2次】再生
活力に満ちた新
②農山村支援の考え方
【住民の主体性の醸成】
【集落の将来ビジョンづ
依存的
閉塞的
保守的
な集落
足し算の
サポート
主体的
開放的
革新的
な集落
掛け算
サポー
③新潟県中越大震災復興基金施策の推移
地域コミュニティ施設等再建支援
地域コミュニティ再建
地域
復興支援ネットワーク
④支援活動の変遷
【農山村支援の模索】
【行政機関との連携】
【農山村復
農山村支援の模索
集落再生支援チーム
地域復興交流会
⑤支援組織の変遷
中越復興市民会議

農山村支援の模索

市民会議には、災害復興や地域づくりの経験者はいなかった。「住民自らが主体的に地域について考え、行動する意識の醸成」と「そこから生まれてきた活動を支援する」という共通認識は持っていたものの、具体的な復興支援のイメージがあったわけではない。とりあえず、阪神・淡路大震災の復興で兵庫県が行っていた「被災者復興支援会議」を模した「移動井戸端会議」を行うこと、つまり現場へ行って住民の話を聞くことだけが決まっていた。

いま振り返ってみると、経験者がいなかったことがかえってよかったように思う。素人であるがゆえに先入観がなく、ひたすら住民に寄り添い、できることを少しずつ進めるだけだった。そんなわれわれに、現場が時代の変化を教えてくれた。現場が、これまでの当たり前を覆してよいのだと後押しし、地域づくりの本質を教えてくれたと思う。

最初の移動井戸端会議を行ったのは二〇〇五年六月、旧小国町法末《ほうすえ》集落である(第2章4参照)。住民も市民会議のスタッフもとまどいはあったが、道路、水道、下水道、農業用水などのインフラ復旧の不満、今後の集落での生活の不安を聞いた。被災者ニーズを解決する手段を持たない市民会議は、話を聞くことしかできない。ただし、会議の最後で話題に出た小学校の廃校を活用した民宿施設の話が、市民会議の復興支援の考え方の基礎となるという気づき(第4章1で紹介する足し算のサポートの考え方)をもたらした。

その後の法末集落の復興支援は、民宿施設の復旧に焦点をしぼる。そして、地域の良さを再発見する外部者によるまち歩き、第一線の研究者や国の役人を招待して復興状況を知ってもらうといった、世間の注目を集めるためのイベントの開催を行った（当時は山古志に注目が集まっていた）。これらの活動が功を奏してか、五カ月後には民宿施設が復旧し、住民は大いに盛り上がり、後の住民主体の復興活動へとつながっていく。これが市民会議の初めての成功体験である。

二〇〇五年一二月、旧川口町木沢《きざわ》集落（第２章３参照）において、二回目の移動井戸端会議を行った。法末と同様、会議の話題はインフラ復旧の不満と今後の生活の不安に終始する。このときも、住民が求める課題の直接的解決の術は市民会議になかった。そこで、法末集落と同様に地域資源を洗い出すワークショップを行う。震災前の地域づくりの経験のなさからか、当初は法末ほど順調に住民の主体性を引き出すことはできなかったが、粘り強いかかわりの継続によって、住民主体の復興活動が活発化していく。

その後はこの二つの集落をおもな支援先としながら、小千谷市塩谷《しおだに》集落、若栃《わかとち》集落（第２章５参照）、十日町市池谷《いけたに》・入山《いりやま》集落（第２章１参照）、旧川口町田麦山《たむぎやま》地区などの間接的な支援活動を始めた。また、台湾で一九九九年に発生した九二一集集大地震（中越地震と同じく農山村で起きた地震）からの復興を学んでいく。台湾の住民主体の復興活動、外部支援者の関与の重要性、地域資源を活かした地域活性化の考え方は中越地方と共通しており、これまでの活動が間違っていなかったことを確信した。

行政機関との連携

二〇〇五年一二月ごろになると、被災農山村の課題が、個人の生活再建やインフラ復旧（壊れた道路、下水道、公共施設などを元どおりに直すこと。なお、新潟県では「創造的復旧」という言葉を使い、インフラ設備の原形復旧にこだわるのではなく、インフラの機能を復旧させることを重視し、復旧工事を進めた。たとえば、山崩れによって壊れた道路を原形復旧するのではなく、工事の進めやすい別のルートに変更している）から、農山村の復興（過疎化と高齢化が進んだ集落の持続可能性の獲得）へ移ろうとしていた。このころから、新潟県震災復興支援課と市民会議との情報交換が行われるようになる。

行政機関は、通常の行政手法の応用で生活再建やインフラ復旧はできていたが、農山村復興のアプローチに悩んでいた。一方、市民会議は、復興における市民セクターの役割の模索をしつつ、農山村の復興支援に取り組んでいた（そもそも、生活再建やインフラ復旧という被災者の直接的ニーズに応える影響力も社会的信頼もなかったので）。こうした背景から、行政機関は市民会議から農山村の復興の情報を、市民会議は行政機関から生活再建と復旧の情報を得るかたちで、情報交換が行われていく。

二〇〇六年六月、小千谷市塩谷集落の住民を対象とした「塩谷地区懇談会」が開催された。目的は、住民の声を現場で聞き、復興施策や支援活動に活かすことである。こうした目的で行政機関が直接現場に入るのは初めてであり、市民会議は文字どおり集落と行政機関をつなぐ中間支援の役割を果たした。その後、各地で同様の地区懇談会が開催され、住民の声が新たな復興基金施策につながることになる。

その三カ月後に「集落再生支援チーム」の第一回連絡会が開催され、市民会議も参加した。集落再生支援チームは、新潟県と市町村の復旧・復興にかかわる部署が横断的に参画し、市町村が選定したモデル地区の復興支援を行うためのプロジェクトチームである。この連絡会では、モデル地区の現状と今後の復興支援の戦略が話し合われた。

二〇〇六年一一月には、旧川口町のモデル地区である荒谷《あらや》集落において「荒谷地区集落再生支援説明会」が開催される。ここでは、復旧の要望についての話し合いと農山村の復興のための地域資源の洗い出しワークショップが行われた。集落再生支援チームと市民会議が一緒に集落に入ることにより、行政機関単独ではできなかった農山村の復興に向けたワークショップと、市民会議単独ではできなかった復旧に関する意見交換を同時に行うことが可能となり、復旧から復興へとスムーズな移行が図られたのである。他のモデル地区でも同様の集落再生支援説明会が開催され、後にこの事例を手本とする復興支援がモデル地区以外にも展開されていく。

農山村復興の新たな展開

二〇〇七年二月、被災地である長岡市蓬平《よもぎひら》温泉で「地域復興交流会議」(以下、交流会議)が市民会議主催、新潟県共催で開催され、農山村の復興に取り組む集落、支援団体、行政機関など五〇団体、一五〇名が参加した。目的は、農山村の復興に取り組んでいる集落が一堂に会し、情報交換やネットワークづくりを進めることにある。昼は集落の活動発表と情報交換、夜は連携を深めるための懇親会が行われた。その後も、二〇〇七年九月（旧川口町）、二〇〇八年三月（旧湯之谷村）、二〇〇八年一一月（旧六日町）と会場を変えながら継続された。

この交流会議は、予想外の効果をもたらす。外部者とのかかわりが住民の主体的な意欲の醸成に効果的なことはわかっていたものの、近隣住民が他の集落に外部者としての影響を与える効果があるとは私たちは考えていなかった。だが、集落同士の交流が集落間の競争を生み、復興活動のステップアップをもたらしていく。そして、この動きは「地域復興デザイン策定支援」という新たな復興基金施策へとつながった。なお、デザインという言葉には、「住民が自らで地域の将来ビジョンを描く（デザインする）」という意味合いがこめられている。

毎回開催地を変えるなかで、開催地周辺の復興活動に取り組み始めたばかり、あるいは始めようとしている集落が交流会議に参加し、それを機に本格的な活動を行う。こうして、会を重ねるごとに復興活動に取り組む集落数が拡大していった。そして、この動きが、復興支援体制の充実を目指した「地域復興支援員設置支援」という新たな復興基金施策へつながることになる。

個別に復興活動をする集落が、個別での活動に限界を感じて、情報交換のなかから近隣集落との連携を模索する動きも生まれた。旧市町村単位での集落連携の意識も芽生えていった。この動きが、「復興支援ネットワーク」という、既存の復興基金施策を活用した旧市町村単位でのネットワーク団体の立ち上げにつながる。さらに、その団体が旧市町村単位の地域経営を担うNPO

法人の設立へとつながっていく。

農山村復興の取り組みが早かった集落では、活動開始から一年が経過し、また近隣集落との競争意識のなかで、「住民の主体性の醸成段階」から「集落の将来ビジョンづくりと実践の段階」に移行し始めた。この動きに対応するかたちで、二〇〇七年四月に「地域復興デザイン策定支援」が生まれる。復興の取り組みが早く、住民の主体性が醸成されていた法末集落が、いち早くこの基金施策に取り組んだ。二〇〇九年五月からは、地域デザイン策定に取り組む集落間の情報交換と相互刺激を目的に「地域復興デザイン発表会」が始まった。これは、交流会議の成功体験からヒントを得た取り組みである。

また、二〇〇七年九月に、「えちご川口交流ネットＲＥＮ」が結成された。旧川口町内の集落の復興活動が活発化し、個別での取り組みに限界を感じたり、あるいは近隣集落との連携で新たな展開を経験したりするなかで、他の地域にさきがけて旧町内の集落をつなぐネットワーク組織として結成されたのである。その後、旧山古志村では「山古志住民会議」が、旧小国町では「ＭＴＮサポート」が相次いで結成される。震災から三年目である二〇〇七年一〇月には、えちご川口交流ネットＲＥＮは「川口町おかげ様感謝デー」を、山古志住民会議は「やまこしありがとうまつり」を住民主体で開催した。

新たな支援の枠組み――地域復興支援員の配置

二〇〇七年一二月、「川口町地域復興支援センター」の開所式が行われた。このセンターは、同年九月に開始された「地域復興支援員設置支援」によるもので、地域復興支援員一名が配置される。その後、中越全体で地域復興支援センターが九カ所設置され、地域復興支援員五一名が配置(二〇〇九年八月)された。

二〇〇八年四月からは、この地域復興支援員の人材育成と情報交換を目的に「地域復興支援員研修会」も始まった。地域復興支援員制度そのものが前例のない取り組みであったため、研修も手探りで進められていく。現在では、この研修ノウハウが、総務省が行う「地域おこし協力隊」「集落支援員」、そして、東日本大震災における「復興支援員」の人材育成に活かされている。

同じく二〇〇八年四月、社団法人中越防災安全推進機構(現公益社団法人)に「復興デザインセンター」が設置された。前月に開始された「地域復興人材育成支援」によって運営される組織である。三年間の復興支援の経験を有する市民会議のスタッフが復興デザインセンターに移り、地域復興支援員の人材育成にあたった。

復興デザインセンターの活動

こうして二〇〇八年四月以降は、復興デザインセンターで復興支援を行うことになった。市民会議のような集落の直接的な支援と違って、地域復興支援員を介しての間接的な支援である。月一回の地域復興支援員の研修会の実施とともに、現場でのOJTで活動を支え、地域復興デザイン策定発表会の開催で集落の取り組み支えていった。

同時に、集落単位（集落の維持・活性化）の支援の次の段階（集落連携・地域経営）を模索していく。前述のように旧市町村単位の集落をネットワークする団体が結成されていたので、それをベースとして、住民自らまちづくりを推進（地域経営）していくNPOの設立を促した。このNPO設立の推進には、いくつかの背景がある。

第一に、市町村合併が進むなかで、住民は「役場が遠くなった」と感じていたからだ。役場が果たしてきた機能（住民への目配り機能）をNPOが補完できないかと考えた。第二に、復興基金の財源には一〇年という期限があるからだ。集落の復興活動は、この復興基金によって支えられている。復興基金がなくなる前に地域でお金を稼ぎ、プールし、それをもとに集落活動を支えられないかと考えた。第三に、地域復興支援員も復興基金の財源で支えられているからだ。復興基金がなくなってからも、地域のNPOが独自の財源で雇用できる枠組みができないかと考えた。

これをもとに、復興デザインセンターは新潟県との話し合いを進めていく。そして、復興基金の新たな復興施策として「地域経営実践支援」「地域資源活用・連携支援」が導入される。

また、中越防災安全推進機構では、復興基金施策の「メモリアル拠点整備・運営支援」を活用し、長岡市、小千谷市、旧川口町、旧山古志村に設置される震災メモリアル施設の設置・運営の準備を進めていた。そこで、旧川口町と旧山古志村にできる施設の運営を地域経営を担うNPO

に委託することで、ＮＰＯの設立を資金面から支援した。現在では、川口きずな館の運営を「ＮＰＯ法人くらしサポート越後川口」が、やまこし復興交流館おらたるの運営を「ＮＰＯ法人中越防災フロンティア」が、それぞれ担っている。

同時に、長岡市のＮＰＯを支える「ながおか市民協働センター」の設立に協力。二〇一四年現在もスタッフを派遣し、運営に協力している。これは、復興デザインセンターも復興基金を財源としており、仮に復興デザインセンターがなくなったとしても地域を支える仕組みを何らかのかたちで残しておくことを意図したものである。

その後、復興デザインセンターは、地域でのコミュニティビジネスや六次産業化を推進する目的で内閣府の六次産業のための事業として進められた「農村六起」の活動を進め、中越地方から一〇名の起業家を輩出した。この事業で立ち上がった代表的なものが「株式会社山古志アルパカ村」(第３章４参照)である。また、現在では集落の担い手不足の解消を目的として、都会の若者が中越地方でインターンをするインターンシップ事業「Ｉターン留学・にいがたイナカレッジ」を推進している(第３章２参照)。この事業からは「移住女子」という流行語も生まれた(第３章３参照)。

このように復興デザインセンターは、集落や地域の変化に対応し、目まぐるしく役割を変えながら復興支援を行ってきた。この間に、新たにスタッフとして、本書の著者である石塚直樹と金子知也と日野正基を加え、現在は長岡市にできたメモリアル施設「長岡震災アーカイブセンターきおくみらい」で震災の教訓と経験を伝える役割も担いながら、継続的な復興支援を行っている。

表1　おもな復興基金事業の概要

事業名	事業の概要
地域コミュニティ施設等再建支援	自治会などが行うコミュニティ施設の建て替えまたは修繕に対する補助
地域コミュニティ再建(ソフト事業)	地域コミュニティの再建に向けたプランづくりや実践活動に対する補助
地域復興デザイン策定支援	被災集落などのコミュニティ機能の再生や地域の復興に関する計画策定に要する経費の補助
地域復興デザイン先導事業支援	地域復興デザイン策定に取り組む集落や地域団体などに対して、計画策定中に先導的に取り組む地域復興事業に要する経費の補助
メモリアル拠点整備施設・運営等支援	震災の記録を残し、震災から得られた経験と教訓を継承・発信していくため、「災害メモリアル拠点整備基本構想」の推進に必要な経費の補助
地域経営実践支援	中越大震災で被災した地域において培われてきた復興に対する意欲や経験を結び付けることで、住民が主体となって地域の課題を克服し、持続可能な地域コミュニティや地域経営を確立する取り組みを支援することにより、被災地域の一層の自立を促進する
地域資源活用・連携支援	中越大震災の被災地において実施されているさまざまな復興の動きを有機的に結び付ける取り組みを支援することにより、被災地域の総合力を高め、地域の自立的復興、地域主導で行う持続可能な社会づくりを促進する
復興支援ネットワーク	復興活動に向けた住民・専門家のネットワーク活動を行う団体に対する一定の経費の補助
地域復興支援員設置支援	被災地域のコミュニティ機能の維持、再生や地域復興支援のため、公共団体などが「地域復興支援員」を設置する経費の補助
地域復興人材育成支援	中越大震災で被災した地域の復興に携わる人材を確保・育成するとともに、中越大震災の教訓を活かした防災人材の育成に要する経費の補助

以上のおもな復興基金事業の概要は表１のとおりである。

震災復興を支えたガバナンス

中越地震からの復興は、「ガバナンス」によって支えられた。「ガバナンス」とは統治を意味し、「ガバメント」とは対照的に位置づけられる。ガバメントは政府が上の立場から行う法的拘束力のある統治システムであり、ガバナンスは組織や社会のメンバーが主体的に関与する意思決定や合意形成のシステムである。

震災復興を支えたガバナンスには、「大きなガバナンス」と「中くらいのガバナンス」と「小さなガバナンス」がある。大きなガバナンスが、中くらいのガバナンスの成長を支え、小さなガバナンスの潜在的な力を引き出してきた。

大きなガバナンスとは、復興基金の仕組みである。復興基金は行政の取り組みを補完するもので、被災者の救済、自立支援、被災地域の総合的な復興対策を長期・安定的・機動的に進め、災害で疲弊した地域を魅力ある地域に再生させることを目的として設置された。三〇〇〇億円を積み立て、年利二％で一〇年間運用し、この運用利子の六〇〇億円を一〇年間、復興のために使用する。細かい使途について国はあまり口出しせず、現場に近い県や市町村で柔軟に使途を決められる（簡単な説明なので、詳しく知りたい方は新潟県のホームページをご覧いただきたい）。

中越地震からの復興に際して、国はこの仕組みをつくり、内容については現場に近い県や市町村に任せるかたちをとっている。ある意味、地方分権の考え方に近い。この考え方が復興を支えた。また、国は小千谷市から旧山古志村まで続く国道二九一号線の復旧を直轄で行っている。県では手に負えない復旧工事を国が補完したのである。山古志の住民は、もう戻れないだろうと覚悟した故郷がみるみる復旧していく姿を見て勇気づけられたという。まさに、この国の工事が住民の復興に向けた気持ちを支えていた。

この復興基金に関して、新潟県職員からある逸話を聞いたことがある。行政機関は普通、一〇年間で六〇〇億円という金額の場合、最初にどう使うかの計画をつくるそうだ。そして、この計画にもとづき、毎年度予算執行していくという。しかし、新潟県の場合は違った。県職員が計画を泉田裕彦知事に見せたところ、知事は即座に計画をご破算にし、ゼロベースから現場のニーズに合わせた復興施策をその都度考えていくように指示したそうだ。県職員はかなり面食らったという。

この知事の判断が、復興を支えた。一〇年間の復興の歩みを振り返る際、しつこいぐらい、現場の声が新しい復興基金施策につながったと紹介したが、この判断がなければそうはならなかった。そして、中間支援組織や集落、地域が主体的に活躍することもなかったはずだ。

中くらいのガバナンスは、市民会議の中間支援の仕組みである。住民に寄り添うなかで集落との信頼関係をつくり、集落と県、市町村をつなぎ、少しずつ中間支援の役割を担っていった。

地区懇談会で話した住民の困りごとが、あまり時間が経たないうちに新しい復興基金施策となる。これによって、集落の市民会議への見方が変わる。また、市民会議は、集落や行政機関の期待に応えるべく、単に住民の要望を伝えるのではなく、住民の声を仕分けし、努力すべき課題は住民に戻し、取り組み方がわからなければ一緒に動く。住民の努力だけで解決できない課題は行政につなぎ、新たな施策化を促す。中間支援組織としてのスキルを高めていったのだ。このように、大きなガバナンスは中くらいのガバナンスの成長を支えた。

小さなガバナンスは、集落の仕組みである。震災前の集落と行政機関は、要求と拒絶の関係であった。依存心の強い集落は行政に要求するだけで、自ら動こうとはしない。行政機関はハード整備のみに終始し、住民の意識を変える取り組みや住民主体のまちづくりを支えるといったアプローチをほとんどしていなかった。震災以降、市民会議が集落にかかわることで、集落の主体性を引き出し、現場ニーズを行政機関につないだ。

現場ニーズに対する支援施策が時間が経たずに行われたがゆえに、住民に勇気を与え、何よりも住民意識の変化を及ぼした。それは、「行政の対応が悪いから、われわれは何もできない」から、「われわれが頑張れば、行政が支えてくれる」という変化である。その意味で、復興基金は額面以上の役割を果たしたといえる。このように、大きなガバナンスは小さなガバナンスの潜在的な力を引き出してきた。

繰り返しになるが、震災復興をガバナンスが支えた。そして、大きなガバナンスが中くらいのガバナンスの成長を支え、小さなガバナンスの潜在的な力を引き出してきた。現在では、小さなガバナンス（集落）が農山村の持続可能性の獲得の取り組みを推進し、そこでできないことを中くらいのガバナンス（中間支援組織、地域ＮＰＯ、地域復興支援員など）が担い、中くらいのガバナンスができないことを大きなガバナンス（市町村、県、国）が担おうとする、補完性の原理にもとづく役割分担と関係性が築かれようとしている。

これこそが、全国に発信すべき「新潟モデル」といっても過言ではないだろう。

〈稲垣文彦〉

災害の顔を複雑にしている。一例をあげれば、①地震×都市＝浦安市などの液状化、首都圏の帰宅困難、②地震×田舎＝須賀川市のダム湖決壊、③津波×都市＝仙台空港の被害、④津波×田舎＝三陸沿岸部の被害、⑤原発事故×都市＝警戒区域などに指定されていない地域(福島市、郡山市、東京都など)からの自主的判断による避難、⑥原発事故×田舎＝警戒区域などに指定された双葉郡周辺からの避難である。これらが同時に起こり、すべてが東日本大震災と呼ばれている。ここまで顔が複雑だと、果たして全体像を把握している人はいるのだろうかという疑問も湧いてくる。

時代背景

阪神・淡路大震災は、右肩上がりと右肩下がりの時代の端境期に起きたのではなかろうか。1990 年代の都会では、経済状況を背景に地方から人口が流入し、「失われた 20 年」を取り戻そうと経済成長にやっきになっていた。被災地に神戸空港ができた一方で、災害公営住宅の孤独死にいまも悩まされ続けている。すでに、復興を測る指標は、人口と経済ではなかったのかもしれない。

新潟県中越地震は、右肩下がりの時代に起きた初めての災害である。被災農山村では過疎化・高齢化が急速に進み、持続可能性の獲得が復興の課題となる。この災害から、人口と経済は復興を測る指標として機能しなくなった。新たな指標探し(人口減少社会の豊かさ探し)が模索されている。

東日本大震災も右肩下がりの時代に起きたから、人口と経済の指標は機能しない。複雑な顔をふまえつつ、指標探しを行っていかなければならない。だから、「復興が遅れている」などと、簡単には口に出せない。

〈稲垣文彦〉

コラム1 三つの地震は何が同じで、何が違うのか

「災害には顔がある」と言われている。私は、この言葉を「ひとつとして同じ災害はない」という意味合いで捉えている。人間の顔で言えば、どことなく似ていても目や口元や輪郭が微妙に違うといったところだろうか。

では、災害の顔をつくり出す目、口元、輪郭となる要素は何であろうか。私は、種類、地域性、時代背景の三つではないかと考えている。ここから「災害の顔＝災害の種類×地域性×時代背景」という式が導き出される。この式に、それぞれの要素を代入すれば、何が同じで、何が違うのか、わかるはずだ。阪神・淡路大震災、新潟県中越地震、そして、東日本大震災の各要素を表２に示した。

表２　三つの災害の種類、地域性、時代背景

	災害の種類	地域性	時代背景
阪神・淡路大震災（1995年）	地震	都市	右肩上がりと右肩下がりの端境期？
新潟県中越地震（2004年）	地震	田舎	右肩下がり
東日本大震災（2011年）	地震	①都市、②田舎	右肩下がり
	津波	③都市、④田舎	
	原発事故	⑤都市、⑥田舎	

災害の種類と地域性

いずれも地震であるが、東日本大震災では同時に津波と原発事故が起きた。複合災害という点で、明らかに他と顔が違う。

阪神・淡路大震災は都市で起き、住宅密集地の住宅倒壊と火災が被害を大きくした。新潟県中越地震は田舎で起き、山崩れによる道路崩壊で集落が孤立した。都会と田舎では顔が違うことがわかる。

東日本大震災は都会と田舎の両方で起き、複合災害と相俟って、

2 地域復興支援員という試み――全国初の人的支援制度

中越地震からスタートした地域復興支援員（以下、支援員）制度は、「成功事例」として評価されることが多い。とくに東日本大震災以降は、東北地方の被災地から多くの方が訪れ、中越地方の支援員の活動を視察される。たしかに支援員が果たしてきた役割や成果は多いが、ややもすると「支援員を導入すれば地域が活性化される」という表面的な捉えられ方をされかねない。支援員制度がスタートしてから七年経ったいま、改めてその活動や果たしてきた役割を振り返りたい。

支援員制度の目的と概要

二〇〇七年に支援員制度が創設された背景には、すでに述べた市民会議の存在があった。市民会議が外部とのパイプ役としての機能を果たし、集落住民とともに悩みながら地域の将来について考え、集落住民の小さな想いを後押しし、少しずつ集落の元気が生まれていく。このような被災集落に対する人的支援を仕組みとして中越地方全域に波及させていくために生まれたのが、支援員制度である。

二〇一四年四月現在、九カ所の地域復興支援センター（以下、復興支援センター）に三二名が配置され、地域活動のサポートにあたっている。財源は、復興基金事業の「地域復興支援員設置支援」である。二〇〇七〜一二年度（その後二年間延長され、二〇一四年度まで）に、市町村長が認める公共的団体が支援員を雇用する。

新潟県では、二〇〇八年四月に「新潟県中越大震災復興計画【第二次】」を公表し、生活再建やインフラ復旧後の次のステップとして、「『創造的復旧』から『活力に満ちた新たな持続可能性の獲得』へ」を掲げた。そこでは、被災した農山村地域の持続可能性を実現する仕組みをつくる人材として、支援員に対する期待が寄せられている。

二〇〇九年四月時点における支援員四七名（男性三四名、女性一三名）の配置状況を図4に示した。年齢をみると、二〇代一二名、三〇代九名、四〇代一〇名、五〇代一一名、六〇代五名で、全体では比較的バランスよいが、復興支援センターごとに偏りも見られた。多くは、中越地方をはじめとする新潟県内出身者である。それまでの職業は会社員二八名、団体職員六名、学生五名、公務員四名などで、地域づくり活動の経験者はごくわずかであった。

集落支援と行政との連携——小国サテライト（長岡市）の活動

旧小国町は、二〇〇五年四月に長岡市と合併した。二〇一四年四月現在の人口は五八二八人である。二〇〇八年四月に設置された地域復興支援センター小国サテライト（以下、小国サテライト）では、集落に対する支援活動と、小国地域全体のマネジメントの二本柱で活動している。

員の配置状況

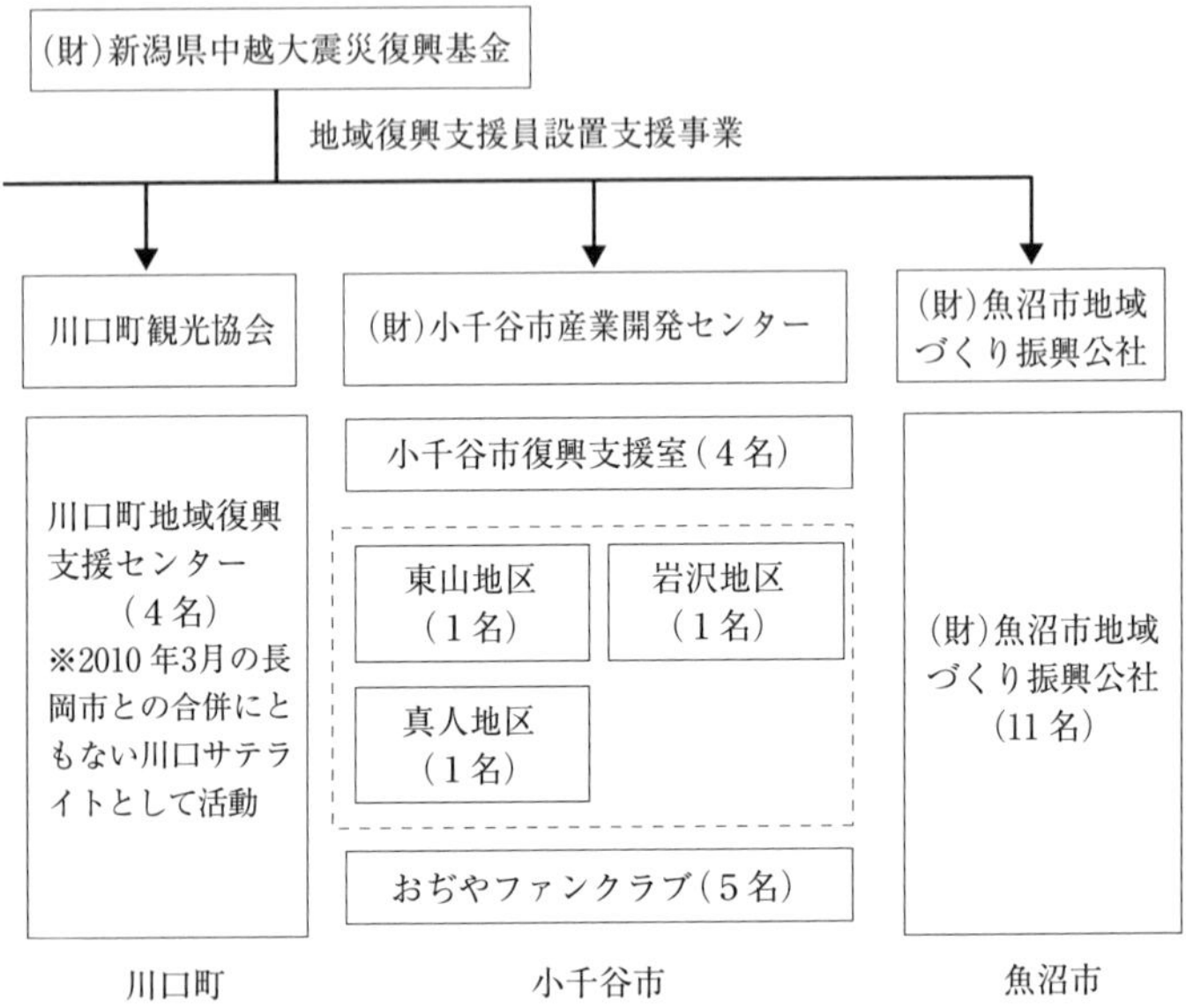

小国サテライトがかかわってきた集落の一つに、桐沢《きりさわ》集落がある。七二世帯、人口二二五人、高齢化率四四・九%（二〇一四年四月一日現在）で、旧小国町役場からの距離は一キロだ。支援員は当初、復興基金を集落活性化の一つのきっかけにしてもらおうと、各集落に基金事業の情報提供を行った。これに対して桐沢集落では、以前から計画していた集落内の遊休地（屋敷跡）を活用した公園づくりの相談を支援員に持ちかける。そこから、桐沢集落と支援員による協働の地域づくり活動がスタートした。

支援員は桐沢集落の会合に出席すると同時に、農作業や道普請、地域

図4　地域復興支援

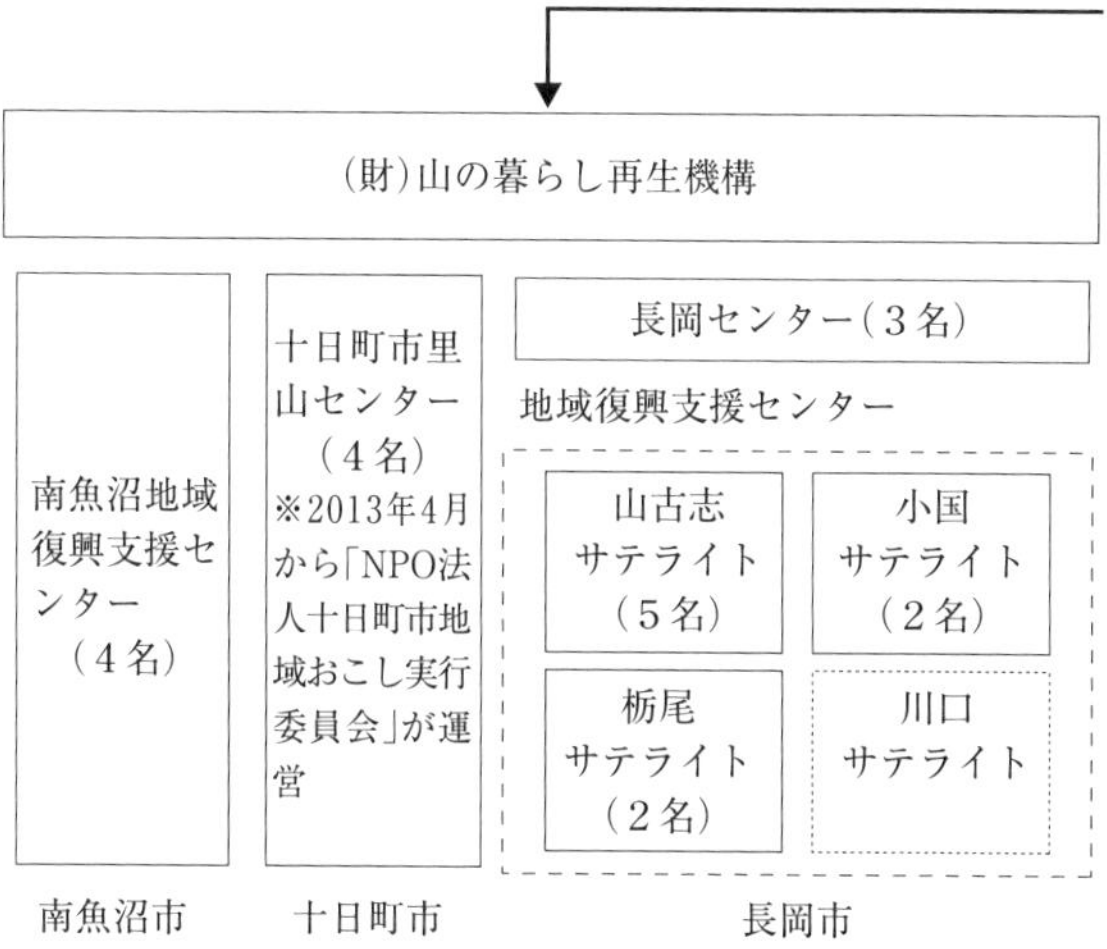

（注）支援員の人数は2009年4月1日現在。

行事に参加し、ときにはゲートボールにも顔を出して、住民との関係性づくりに努めた。そして、集落の人たちに物が言える関係になったところで、アンケート調査や座談会を開催する。住民が集落の夢（目指す将来）を語る場をつくったのである。

その後、学生などの集落外部者を巻き込んでのまち歩き、集落内での年代別座談会の開催などを通じて、住民と一緒になって集落の点検・確認作業を行った。また、旧小国町が友好都市提携を結んでいた武蔵野市（東京都）の住民、長岡市内の子育て女性グループや大学生と、農作業を通じた交流事業にも取り組んだ。こうした実践的な活動を通じて、集落に小さな成功体験が積み重ねられていく。

これらをふまえ、「地域復興デザイン策定支援事業」（二七ページ表1）で、今後の集落の夢や地域づくり活動を「桐沢集落地域復興デザイン策定」にまとめた。住民が抱いていた「公園をつくりたい」という漠然とした思いは、しっかりとした目的を持った「都市農村交流・多世代交流の場としての公園」として、そこに位置づけられた。

桐沢集落では、農家の所得向上を目指すために米の直販や農産加工品の開発、支援員が提案した「にいがたイナカレッジ」(一年間のインターンシップ事業)による若者の受け入れ・定住促進にも取り組んでいる。インターンシップ事業は、支援員が調整して旧小国町内の複数集落で連携して行っている。参加した若者の存在は、それまであまり交流のなかった集落同士をつなぐハブ機能を果たし、集落間の新たな交流にもつながった。支援員は桐沢集落に対して多くの取り組みを提案し、外部とのつなぎ役を果たすなど、集落づくりのコーディネーターとして活躍していると言える。

小国サテライトの活動のもう一つの柱は、長岡市小国支所との連携事業である。設置後の四年間は、小国支所とのかかわりはほとんどなかった。両者が強固な信頼関係を築くきっかけとなったのが、二〇一二年三月に小国支所で行った支援員の活動報告会だ。四年間の活動内容を発表した結果、「顔は知っていたけど、何をやっている人たちなの?」という支援員に対する職員の認識が、「こんなこともできる人たちなんだ」に変わった。早速、数日後に、保健師が相談にやってきたという。

「来年度から高齢者元気支援事業(地域型介護予防デイサービス修了者の受け皿として実施する)を

スタートさせるんだけど、どう進めたらよいだろう?」

支援員は保健や福祉の知識を有していたわけではない。それでも、修了者の要望を聞くことから始め、保健師と一緒にお年寄りや関係者へヒアリングを行い、関係機関とのワークショップを開催する。そして、素人であるがゆえに、会議やワークショップの席で「この事業は何の目的でやっているのか?」などの素朴な疑問を何度も投げかけた。ずっと保健・福祉にかかわってきた保健師は、「改めて事業の本質を考えるきっかけになった」と言う。

高齢者元気支援事業がスタートすると、支援員は学生を連れてきて、お年寄りとの交流を図った。「保健師からは絶対に出てこないアイデア」だったようである。

こうした活動を積み重ねた結果、保健師をはじめとする支所職員との間に信頼感が生まれ、両者はお互いのよき相談相手となっている。職員たちは、こう言った。

「合併によって、小国支所に小国以外の出身者が多くなり、職員も地域のことがわからない。いまでは、『地域のことは支援員に聞く』というのが職員の共通認識になっている」

「支援員も保健師も、実はやっていることは一緒。ただ切り口が地域づくりなのか健康づくりなのかの違いだけ」

個人の支援から仕組みづくりの支援へ――山古志サテライト(長岡市)の活動

全村避難を余儀なくされた旧山古志村は、中越地震前に約二二〇〇人いた人口が、三年に及ぶ仮設住宅での暮らしを終えて帰村した二〇〇七年一二月時点で、約一四〇〇人に減少した。二〇一四年四月現在は、四六〇世帯、人口一一五四人、高齢化率四八％である。長岡地域復興支援センター山古志サテライト（以下、山古志サテライト）が設置されたのは、住民が帰村して間もない二〇〇八年四月だ。

旧山古志村では、仮設住宅での生活をサポートする生活支援相談員（社会福祉協議会所属）が支援員に移行する。彼らはお年寄り一人ひとりの家族構成や緊急連絡先、ペットの存在や常備薬の有無に至るまで把握していた。当初から住民と深い関係性が築かれていたと言える。帰村が他の地域に比べて遅いという状況をふまえて、山古志なりのペースを意識し、「地域福祉事業」「地域活性化支援事業」の二つを軸に活動を展開してきた。

帰村したばかりで生活が落ち着かない住民に対して、地域づくりやコミュニティについて話してもあまり現実味がない。そこで、お年寄りを中心に個人の生活サポートを行ってきた。当時を住民は、こう振り返る。

「お年寄りにとって、支援員は精神的な安らぎや頼りになる存在でした」

一方、支援員たちにも葛藤や迷いがあった。

「期限付きの支援員が住民の暮らしを直接的に支える役割を担うと、われわれがいなくなった後はどうなるのか。長期的な視点に立った場合、それは本当に地域のためになるのか」

結局、支援員、行政職員、関係者の間で何度も議論を重ね、住民の要望に支援員が直接対応するのではなく、集落・地域全体で支え合う仕組みづくりを目指すことにする。そして、支援員は地域の世話役などに相談し、行政や社会福祉協議会に情報を引き継ぐように意識した。

ところで、三年に及ぶ仮設住宅での暮らしを精神的に支えたのは、「帰ろう山古志へ」という合言葉であった。だが、インフラなどの復旧を終え、これから地域をどう元気にしていくかという段階になったときには、新たな支えが必要とされた。住民有志で結成された「山古志住民会議（以下、住民会議）」は二〇〇九年に、「つなごう山古志の心」をスローガンとして、地域の将来構想を描く「やまこし夢プラン」を発表する。

支援員はプラン策定にあたって事務局に加わるなかで、地域のアイデンティティを学び、住民と地域の将来像を共有できた。このプランが支援員の活動のガイドラインとしての役割を果たしてきたと言ってよい。同時に、支援員にとって住民会議は、活動に迷いが生じた際のアドバイスや日常的な相談相手として欠かせない存在であった。

その後、山古志サテライトの活動の中心は地域行事や話し合いの場づくりなどの集落（コミュニティ）支援に移り、住民や集落を後ろから支える役割を果たしてきた。あわせて、郷土料理や闘牛、棚田の風景などの地域資源を活用したツアーや特産品開発にも取り組み、地域を前から引っ張る役割も果たしている。

表３　地域復興支援員に対する認知度

	全体		仮設あり		仮設なし	
	実数	割合	実数	割合	実数	割合
地区・集落内で活動している	68	8.0%	51	11.9%	14	4.7%
名前は知っているが地区・集落内で活動していない	170	20.0%	102	23.8%	53	17.8%
知らない	475	55.8%	211	49.2%	178	59.9%
無回答	139	16.3%	65	15.2%	52	17.5%
回答者数	852	100.0%	429	100.0%	297	100.0%

（注１）地域の復興状況をアンケートから概観するにあたって、被害が生じたエリアを区分する必要がある。そこで震災発生時の自治体に着目し、地域内に仮設住宅を建設した地区を「仮設あり」、それ以外を「仮設なし」とした。「仮設あり」の自治体（2004年時点）は、長岡市、栃尾市、越路町、山古志村、小国町、川口町（以上、現在は長岡市）、十日町市、川西町（以上、現在は十日町市）、広神村（現在は魚沼市）である。
（注２）「仮設あり」「仮設なし」に分類できないケースがあるため、全体の実数と一致しない項目がある。
（出典）「中越地震からの復興に関するアンケート調査」復興プロセス研究会、2012年。

必要なところに支援を行う

中越地方の若手研究者で構成される「復興プロセス研究会」（座長：澤田雅浩）は二〇一二年に、「中越地震からの復興に関するアンケート調査」を実施した。対象は、長岡市、小千谷市、十日町市、魚沼市、南魚沼市の全区長である（配布数一九一五、回収数八五二、回収率四四・五％）。

支援員の認知度にかかわる質問では、「地区・集落内で活動している」は、全体で八・〇％、震災による被害が大きかった「仮設あり」の地域で一一・九％であった（表３）。数字だけをみると、復興に果たした役割は低く見えるかもしれない。しかし、支援員が「地区・集落内で活動している」と

表4　地域復興支援員の関与で始まった活動の有無

	全体		仮設あり		仮設なし	
	実数	割合	実数	割合	実数	割合
ある	37	54.4%	30	58.8%	7	50.0%
ない	13	19.1%	9	17.6%	2	14.3%
無回答	18	26.5%	12	23.5%	5	35.7%
回答者数	68	100.0%	51	100.0%	14	100.0%

（注）「仮設あり」「仮設なし」に分類できないケースがあるため、全体の実数と一致しない項目がある。
（出典）表3に同じ。

答えた地区に対して「支援員が関与して始まった活動の有無」を聞いたところ、五四・四％が「ある」と答えている（表4）。

このアンケート結果からは、行政による公正・平等に配慮した施策とは異なり、「必要なところに支援を行う」という支援員制度の特徴が表れている。実際、支援員が活動している地域の行政職員からは、以下のように評価する声が多い。

「行政は全集落に対して公平性や機会均等などが求められる。一方、支援員は自由に動けるため、行政が動けない部分（きめ細かさ）をカバーしてくれている。行政に属さない、いい意味での宙ぶらりんの立場だからできる活動である」

支援員の活動を支えた二つの存在

①新潟県中越大震災復興基金

支援員が集落に入るにあたって非常に役立ったのが、復興基金の存在である。支援員が本格的にスタートした二〇〇八年には、集落の取り組みを支援するために次の事業メニューが行われていた。

地域復興デザイン策定支援――被災集落などのコミュニティ機能の再生や地域の復興に関する計画策定に要する経費を補助。上限一地区七〇〇万円、全額補助。

地域復興デザイン先導事業支援――地域デザイン策定に取り組む集落や団体などに対して、計画策定中に先導的に取り組む事業に要する経費を補助。上限一地区一〇〇〇万円、全額補助。

なかでも、集落の将来像を検討して取りまとめる地域復興デザイン策定支援をきっかけにして、支援員が話し合いの場に参加したり、ワークショップなどのファシリテーターとして活躍した。その過程で、集落でのまち歩きやときには農作業を一緒に行い、集落との信頼関係を築いていく。支援員が各集落で活動していくための具体的な武器として、復興基金のメニューが果たした役割は非常に大きい。

一方で、地域復興デザイン策定支援と地域復興デザイン先導事業支援が二〇一一年度で終了した結果、予算がなくても継続して地域活動を実施する地域と、そうでない地域に二分されるという課題も見られる。

②地域の後見人

支援員が活動する際に、自分たちだけでは判断できないこともある。そんなときは、相談できる住民の存在が必要となる。旧山古志村では、住民会議が後見人的な存在であった。小千谷市東山地区では、支援員のよき理解者や相談相手として、活動拠点となる住民センターで一緒に仕事をする主任児童民生委員の存在があった。彼女は東山地区の住民でもあり、支援員の活動に対する住民の声を伝えたり、地区のキーマンを紹介してきた。必ずしもすべての復興支援センターで後見人的な存在があったわけではないが、その有無はスムーズに支援員が活動を展開していくために不可欠な要素である。

③バックアップ組織

復興デザインセンター（二一四～二一六ページ参照）が中心となって、支援員の人材育成と情報交換を目的に「地域復興支援員研修会」を始めた。一年目の二〇〇八年に行ったのは、一二回の研修会、視察研修や講演会である。このほか、復興デザインセンターのメンバーは各地域の復興支援センターのミーティングに出席し、支援員と一緒になって支援活動の組み立てやアドバイスを行ってきた。被災集落や過疎化が進む農山村地域に対して、人的支援の仕組みを導入するのは初めての試みである。支援員たちは、どんな活動をしたらよいのか暗中模索状態であった。そのなかで、支援活動の考え方について議論を重ねた意味は大きい。

復興デザインセンターのような中間支援組織への期待として支援員からあげられたのは、①俯瞰的視点からのアドバイス、②研修などスキルアップの場の提供、③支援員同士の交流会など情報交換の場の提供、④県庁ほか外部団体との情報の仲介、などである。復興デザインセンターのメンバーも、地域の課題が異なるなかで活動する支援員に対し、どのような研修が効果的なのか試行錯誤を繰り返した。そのなかから、以下の独自の研修プログラムが開発された。

（a）コーディネートゲーム

カードゲーム形式で、仮想の集落を想定し、その集落の「課題の整理」「地域づくりのストーリー」「支援員のかかわり方」をグループで考える。

（b）プロセスシート

集落活動と支援員のかかわりを時系列でまとめ、集落に見られた変化などのターニングポイントは何だったのかを振り返るワークシート。

（c）ロードマップの作成

支援員のこれまでの活動と今後の活動を整理し、地域の到達目標とそこに至る活動プロセスを整理する。

ただし、これらのバックアップ体制が十分に機能していたかという点では課題も残る。地域での支援活動をどう組み立てていけばよいのか悩む支援員もいれば、現場で明確な役割を見出して活躍する支援員もいた。結果的に、前者に対するサポート機能は果たせたが、後者に対しては上手く機能できなかったと言える。

また、復興デザインセンターのほかにも、支援員の雇用主である第三セクターや行政機関などさまざまな立場からの助言やアドバイス、指示が下りてきたため、現場の支援員としては「誰の指示にもとづけばよいのか」という混乱もあった。復興デザインセンターのマンパワー不足などの理由もあり、支援員のバックアップ機能としては成果と課題の両面が見られる。

支援員の活動指針の必要性

支援員が行ってきた活動は、地域の実情や課題によって多様である。見方を変えれば、自由度の高いフレキシブルな制度とも言える。したがって、この制度を導入する地域側が、どのような戦略を立て、そこに支援員をどう位置づけるかという、制度導入にあたっての考え方が非常に重要になる。

旧山古志村では、住民会議が中心となって策定した「やまこし夢プラン」が支援員の活動指針となっていた。同様の傾向は、小千谷市東山地区にも見られる。一〇集落から構成されていた東山地区では震災後に集団移転があって九集落になり、世帯数も半減したため、一町内化に向けた議論が住民の間で行われてきた。結果として実現は見送られたが、すべての集落で何らかの集落間連携が必要という認識では共通していた。このように、支援員が活動するエリア全体で地域の方向性が共有されていると、ミッションが明確になり、比較的スムーズな活動が展開できる。

もちろん、すべての集落が地域戦略を立てることは現実的には難しい。とはいえ、人的支援制度を導入するにあたっては、少なからず公的機関が関与しているはずである。人的支援制度を有効に活用するためには、少なくとも導入地域の行政による地域づくり戦略が欠かせない。

支援員の役割と評価軸

支援員は時限的な制度である。また、復興地域づくりの担い手（主体）ではなく、あくまでも主役・主体は住民である。それゆえ、住民の主体性を引き出し、支援員がいなくなっても持続性が担保される仕組みをつくっていくことが求められる。しかし、一足飛びに仕組みをつくろうとしても上手くいくはずがない。それぞれの集落や地域の復興、あるいは地域づくりのスピードに合わせて、寄り添いながら支援していく必要がある。そこで、集落の主体的な活動に至るまでのステップを図5に示す。

桐沢集落を例にとると、基金メニューの紹介などで、支援員が集落とかかわる①「きっかけづくり」を行った。その後、学生を巻き込んだり、まち歩きを通じて②「地域の再認識」を促していく。さらに、都市部との交流事業などの③「成功体験」を経て、④「活動計画づくり」を行う。あわせて、インターンシップ事業の受け入れなどを通じて、他地域や外部とのつながりづくりである⑤「集落間、地域間連携」や後継者育成へと発展を遂げた。

支援員には、この一連の活動をプロデュースする役割がある。そして、活動のなかから、集落・住民の「やる気」と「自信」を確認し、主体性を引き出すことが求められる。このように支援員が活動してきた結果、「人は減ったけれど、震災前よりも地域が元気になった」という住民の声が聞かれるようになった。

また、旧山古志村に見られたように、支援員にはお年寄りなどの個人の暮らしに密接にかかわ

図5　支援員の活動プロセス

	集落の活動展開	支援員の活動
元気づくり支援	ステップ① きっかけづくり	集落の人たちへの支援員の認知や人間関係づくりを中心に、集落に対して地域づくり活動の啓発を行う。 （例）情報誌の発行、復興基金事業の案内、集落の実態調査、集落行事への参加、農作業への参加
	ステップ② 地域の再認識	地域の行事に自ら参加したり大学生を巻き込むことで、地域の見直しを促したり、地域の声を拾い上げ、地域づくりの芽を集落の人たちと見つけ出すことが重要。 （例）集落行事や農作業への参加
	ステップ③ 成功体験づくり	地域の人から出た声（課題や、やりたいこと）を実現できるようサポートし、自分たちの考えを自分たちの力で成功させることができた、という成功体験をつくることが重要。 （例）人や資金のコーディネート
地域づくり支援	ステップ④ 活動計画づくり	単発的な地域イベントの開催から、積極的な地域課題の解決や地域のビジョンづくりのサポートをする。ここでは、多くの人たちの参加を促すしかけや、専門的な外部者の関与のコーディネート、他地域との交流や先発事例の学習などの促進が求められる。 （例）ワークショップの開催支援、地場内外の資源のコーディネート
	ステップ⑤ 集落間、地域間連携	一つの集落では解決が難しい課題、あるいは他の集落や地域との連携による相乗効果を発揮するため、集落外の人や組織などとのつなぎ役、コーディネートが求められる。 （例）他集落・地域とのコーディネート

（出典）阿部巧・田口太郎「中山間地域の災害における『支援員』の活動」（『日本災害復興学会　2009 長岡大会講演論文集』2009年）に筆者が加筆。

る生活サポートが求められる場面もある。こうした直接支援は、住民にとって日々の暮らしに直結して役立つため、多くの支持を得られる。支援員自身も住民から直接喜ばれるため、活動としての達成感や満足感を得やすい。だが、支援員への依存体質を生んでしまう可能性がある。支援員として活動できる期間はそれでもよいが、期限が切れ、いなくなった後に、支援員を頼りにしていた住民の暮らしはどうなるのか。

一方、集落や地域をコーディネートしたり、仕組みをつくっていくことは、住民にはなかなかわかりにくく、見えにくい。支援員自身からも、「達成感を感じる機会は少ない」という声が聞かれる。

支援員制度は、行政施策のように数値目標を立てにくい。実際、直接的な支援を求める住民も少なからずいる。住民の主体性を引き出すという支援員の役割を考えると、たとえ住民の支持が少なくても、やらなければならない活動もある。したがって、住民の声を聞くだけでは、必ずしも支援員の正しい評価とは言いきれない部分がある。では、支援員の活動に対する評価軸とは何なのか。

これに対して、明快な答えは出せない。だからこそ、住民、行政、支援員が一緒になって、支援員の真の役割とは何かを議論し続ける必要があるのではないだろうか。

地域の変化——新しい住民自治の芽生え

多くの支援員は、集落ごとの支援を活動の中心としていた。地域復興デザイン策定支援などを活用して、集落内でワークショップを行い、住民と一緒に地域の今後を悩みながら考え、計画としてまとめる。その実現のために、地域復興デザイン先導事業支援を通じて、さまざまな試行的な取り組みを住民と一緒に行う。そうした活動を展開する過程で、集落の主体性を引き出していく。

この一連の活動のなかから、集落を超えたより広域的な視点での地域づくりの必要性が求められるようになってきた。その背景にあるのは、次の二点だろう。

①少子化や高齢化、人口減少によって、集落での取り組みの完結が難しくなり、集落連携や一つ上の単位（小学校区や旧町村）での住民自治（地域マネジメント）が求められてきた。

②支援員がいる間は集落単位でも活動できるが、任期終了が間近になると、支援員が担ってきた役割を地域でどう受けとめていくかが求められていた。

ただし、ここで間違ってはいけないのは、自治単位を集落自治から小学校区や旧町村を単位とする広域自治へと再編するのではなく、広域自治と集落自治は相互補完の関係であり、重層的な自治が重要であることだ。

たとえば旧川口町では、復興支援センターの役割を担うためのNPO法人くらしサポート越後川口が生まれた。代表の水落優氏は、こう語っている。

「これまで支援員によって地域全体がボトムアップされた。これからは支援員に頼らなくても、自分たち自身でどう地域を維持・発展させていくかが問われている」

同様の地域自治の動き（旧町村をエリアとする活動団体の設立など）は、多くの地域で議論が進んでいる。

支援員の活動背景には、震災復興という側面だけでなく、農山村地域における合併後の地域づくりが密接にかかわっていた。集落単位の取り組みからスタートした活動は、徐々に活動領域を広げていく。それは、少子化・高齢化が進み、かつ合併によって行政サービスが縮小されていくなかで、どのように集落自治を維持していくのか、あるいは集落のなかで対応できない部分をどう地域全体で補完していくのか、という地域自治（ガバナンス）への挑戦でもあったと言える。

〈金子知也〉

3　右肩下がりの時代の復興

復興を測る指標

復興とは何か。私は、この問いに悩まされ続けている。被災地にかかわる誰もが復興に向けて努力しているものの、努力すればするほど、この問いに悩まされる。そこで、ここでは少し肩の力を抜いて「復興とは何か」について考えてみたい。

復興に明快な定義はない。辞書を調べると「一度衰えたものが、再び盛んになること」と書いてあるが、いまひとつピンとこない。ただし、「災害前に比べ良くなったと感じること」という復興感には、共感できる。そこで思考実験をしてみよう。縦軸にGDP（国内総生産）もしくは人口をとり、横軸に時間をとってみる。一九四五年を起点とすると、概ね図6のような曲線を描くことができる。

まず、新潟地震（一九六四年）をイメージしてみよう。災害で、さまざまなものが壊れた。それを元に戻す。「右肩上がり」の時代は「復旧＝復興」で、壊れたものを元に戻せば、「災害前に比べて良くなったと感じること」ができた。

次に、中越地震（二〇〇四年）をイメージしてみよう。災害で、さまざまなものが壊れた。それ

図６　復興とは何か

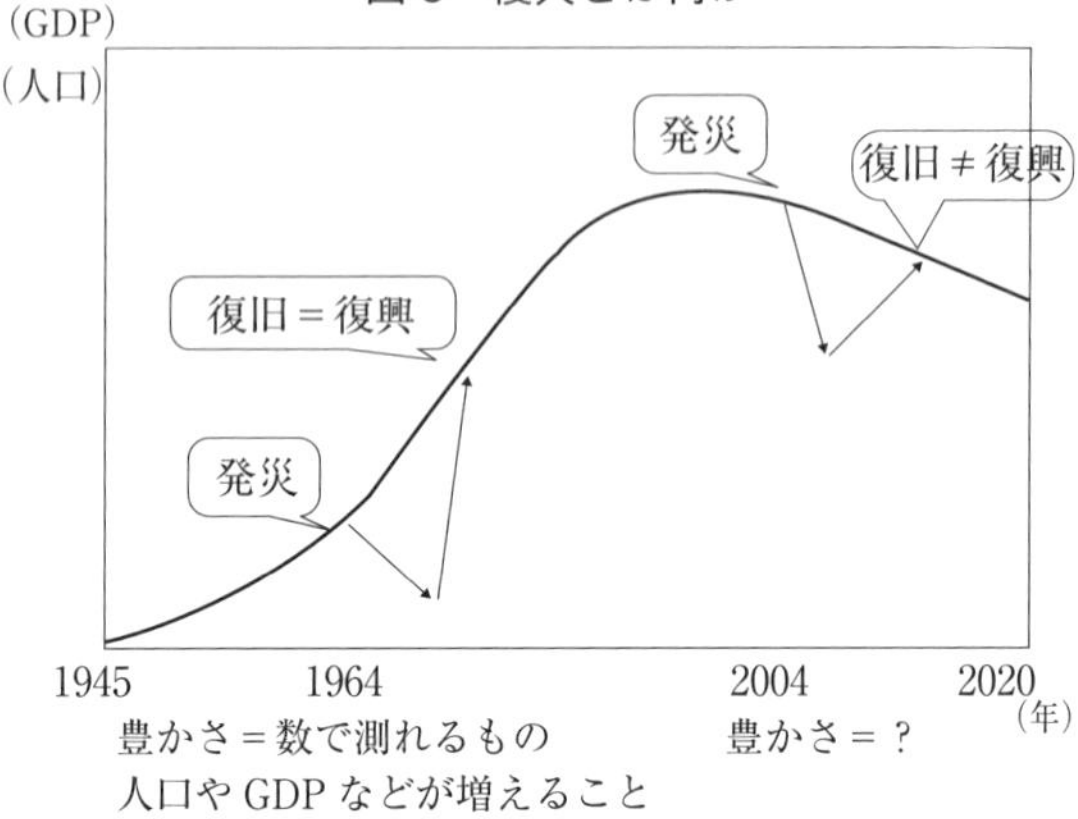

を元に戻す。「右肩下がり」の時代は「復旧≠復興」で、壊れたものを元に戻すだけでは、いつまで経っても「災害前に比べて良くなったと感じること」ができない。このころから、復興とは何かを悩まなければならなくなったのだろう。

それでは、右肩下がりの時代には、復興はいつまで経ってもできないのであろうか。「復興とは何か」を悩むなかで、「測る指標が違うのではないか」と気づいた。人口や経済の指標では、いつまで経っても復興できない。右肩上がりにするにも無理がある。ここから、復興するには「軸（指標）をずらす」ことが必要なのだと気づいた。

では、軸をどこにずらせばよいのか。右肩上がりの時代は、「豊かさ＝数で測れるもの（人口、ＧＤＰ）が増えること」だったのではないか。一方、右肩下がりの時代は、「豊かさ＝？（まだ探せていない）」。すなわち、軸をずらす先を探せていないのだ。ここから「復興とは何か」の問いが生まれてくるのだろう。

中越地震によって、農山村は過疎化・高齢化が急速に進み、地域の持続可能性の獲得が復興の課題となった。期せずして、人口減少社会を迎えようとする日本のトップランナーとなったのだ。そして、人口が減少しても、高齢化が進んだとしても、「住民がいきいきと自分らしく暮らし、地域のバトンを次の世代につなぐこと」を考えざるを得なくなった。本書で取り上げているさまざまな取り組みは、「人口減少社会の豊かさ」の指標探しのようにも思えてくる。

農山村の復興プロセス

復興基金の施策動向、申請件数ならびに助成金額の分析によると、農山村の復興プロセスは、まず個人の住宅と農地の復旧である。続いて、集落コミュニティの再建（集落維持・活性化）に着手する。住宅再建と農地復旧は概ね二〇〇六年度をもって一段落し、〇七年度以降は集落コミュニティの再建に移っている。①集落コミュニティが維持している道路や公共施設などの共用施設を復旧し、②集落コミュニティのよりどころである神社や集会所を再建し、③集落コミュニティの活性化イベントを行い、④集落の自立的復興のためのプラン策定を行い、⑤プランにもとづく集落の活動を行う、というプロセスである。

ここで注目すべきは、農山村が集落独自のインフラを持っていることだ。集落で維持管理するインフラは意外と多い。農業用道路、灌漑設備、集会場、神社……。中越地方は雪が多いから、除雪設備を持つ集落も多い。加えて、民宿施設や加工施設もある。また、集落のインフラではないが、農業にはさまざまな機械が必要となる。これらすべてが整って、集落が成り立っている。

こう考えると、震災当初、住民がインフラ復旧に不満や不安を持ったのは当然だ。その真の意味は、行政が維持する道路や公共施設というインフラだけが直っても、集落が維持するインフラはどうするのだという不満や不安である。

中越地震は、これらすべてを破壊した。住民は、まず住宅再建を進める。だが、莫大な費用がかかり、集落で維持するインフラや農業機械に費用をまわす余裕はない。とはいえ、住宅だけでは集落が成り立たない。そこで、復興基金の施策を活用して集落の維持基盤を復旧し、農業機械については営農組合の立ち上げを促し、農業機械の共同保有を進めた。こうした施策がなかったら、集落の活性化の段階に入っていけなかったであろう。

復興に関するアンケート調査では、「どんな時に復興を実感しましたか」という問いの回答として多いのが、道路が復旧した時、次に農地や農業用施設が復旧した時である。住民にヒアリングをしても、「道路が直った時」「田んぼが直った時」「昔のように農作業ができた時」と答える人が多い。この復興感は、集落の成り立ちから考えれば、ごく自然だろう。そして、このことは、震災復興はもちろん、農山村の再生においても、集落の活性化に進む前に、個人の生活、そして集落維持というベースラインをしっかり整えていくことの重要さを示唆している。

喪失感をどう補ってきたのか

震災によって、人びとはさまざまなものを失う。ただし、同じ失ったものでも、「損失」と「喪失」では意味がまったく異なる。損失（建物、道路、インフラなど）は、お金をかければ元に戻る。喪失（人命、地域のにぎわいなど）は、お金をかけても元には戻らない。

個人の生活基盤や集落の維持基盤は、損失である。復興の必要条件と十分条件を考えれば、必要条件にあたる。必ずなくてはならないが、復興を満たす十分条件にはならない。復興を満たす十分条件のカギは、喪失にある。ところが、喪失は損失と違い、目には見えない。そもそも、喪失（いや、喪失感といったほうがよいだろう）は補えるものだろうか。

そこで、被災者や集落は何を喪失し、その喪失感をどのように補おうとしているのか、あるいは、補おうとしていないのかを見ていくことで、「復興はどこまで進んだか」を考えていきたい。中越防災安全推進機構は有識者を交えた「復興プロセス研究会」を発足させ、復興プロセスの研究をしている。二〇一二年八月には中越地方全体の町内会長（集落区長）を対象としたアンケート調査（四二ページ参照）を行い、その後さまざまなテーマで追加のヒアリング調査を進めてきた。

そのひとつが、人口減少が著しい集落を対象に行った住民の復興感の調査だ。そこでは、集落の「どの年代が減ったか」によって、若年層（四〇代以下）が減少した集落、中間層（五〇〜六〇代）が減少した集落、高齢層（七〇〜八〇代）が減少した集落、全体的に減少した集落に分類し、複数の方々にヒアリングを行ってきた。この調査における「復興をどんな時に感じましたか」に対する回答の一例をあげよう。

A集落――「次の世代が集落を担うと言ってくれたことが復興のあかし。だから復興したといえる」（男性）。「盆踊りをしたとき」（男性）。「いまの状態が一番よい、胸が晴れ晴れする。全世帯、みんな元気」（女性）。「みんなが帰ってきたとき」（男性）。

B集落――「終わったことにしようと思う。復興という言葉がこの集落にふさわしい言葉なのか」（男性）。「復旧、復興した感じがしない。自分もあの時、集落を出たほうがよかったと思う」（男性）。「震災で急激に人が減った。あの人たちがいれば少しは元気になっていたかも」（女性）。

この二つの集落は、どちらも中間層が減少している。これらのヒアリング結果（復興感）から類推すると、人口減少が著しかった集落の共通した喪失感は「集落の存続」と「かつてのにぎわい」である。この喪失感を何らかのかたちで補えている集落では、ほとんどの住民が復興したと回答する。一方、補えていない集落では、道路や田んぼといったインフラ復旧が完了したことを理由に復興したと回答するか、まだ復興していないと回答する傾向がある。

それでは、喪失感を補えている集落は、どのようにして補おうとしてきたのだろうか。調査の結果、どの年代が減少したか、リーダーの有無、伴走型支援者（専門的な知識をもたない、集落に寄り添う支援者）の有無によって、集落の状況が違うことがわかってきた。

若年層と高齢層が減少した集落では、リーダーがいる場合は、外部との交流を志向し、「かつてのにぎわい」に対する喪失感を補おうとする。リーダーがいない場合でも、伴走型支援者が粘り強くかかわることによって新たにリーダーが生まれ、その後、外部との交流を志向することで喪失感を補おうとする。

一方、中間層と全体的に減少した集落では、リーダーがいる場合は、集落を担う中心の世代が多く流出しているため、「集落の存続」に対する喪失感が強い。そのため自治改革（集落の機構改革、集落連携など）を志向し、喪失感を補おうとする。リーダーがいない場合は、消極的な自治改革志向（行事、作業を減らすなど）を取らざるを得ず、喪失感を補うまでには至っていない。

そして、伴走型支援者がいた集落では、後に紹介する「足し算のサポートと掛け算のサポート」という段階的なサポートによって、リーダーだけではなしえない取り組み（集落連携、外部との交流など）を補完し、喪失感を補うことに寄与している（詳しくは第2章以降を参照）。

結局、復興はどこまで進んだか

では、結局、復興はどこまで進んだのであろうか。復興プロセス研究会が二〇一二年八月に行った中越地方全体のアンケート調査では、「復興していない」と回答した町内会・集落の割合は五・八％にすぎない。この結果をもとに、「中越の復興は、ほぼ完了した」と言ってもよさそうであるが、先に紹介したように、喪失感はありながらも損失が補われたことで復興したと回答する傾向があるから、「復興は、ほぼ完了した」と言い切ることは難しい。

アンケート結果とヒアリング調査のなかで、人口減少が著しかった集落の現状には、いくつかのパターンがあることがわかってきた。すなわち、①復興したと回答し、喪失感を補えている集落、②復興したと回答し、喪失感を補えていない集落、③復興していないと回答し、喪失感を補えて

図７　「限界集落」化のプロセス（模式図）

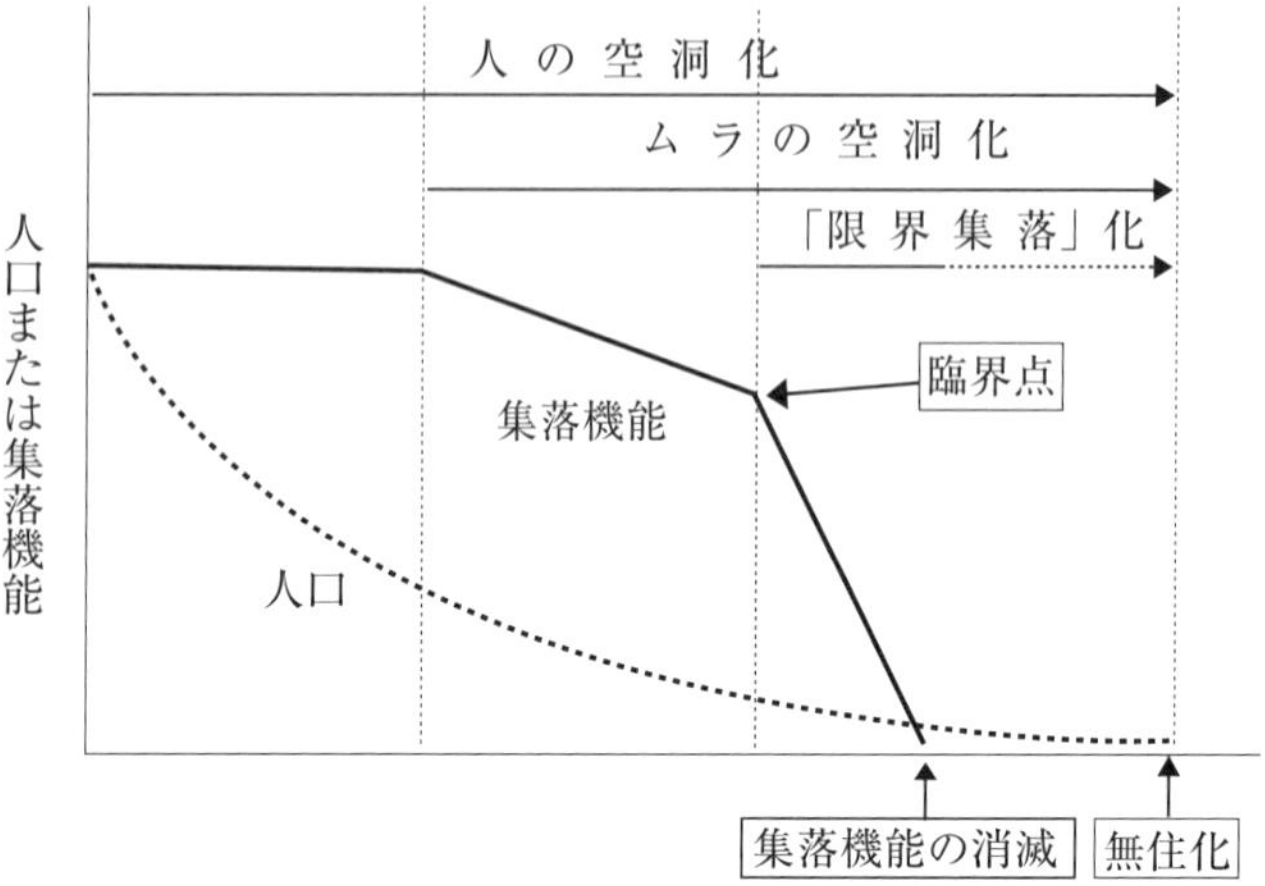

（出典）小田切徳美『農村山再生――「限界集落」問題を超えて』岩波ブックレット、2009年。

いる集落（いい意味で、高いレベルを目指している）、④復興していないと回答し、喪失感を補えていない集落である。なお、いずれの集落も共通して、過疎化・高齢化の解決には至っておらず、存続の危機感を持ち続けている。

この結果から、今後も継続した集落支援の必要性があることがわかる。①と③に対しても、喪失感は補えてはいるものの、危機感がなくなったわけではない。今後もこれらの集落が取り組む自治改革や外部との交流を支援していく必要があるのはもちろん、自治改革志向の集落に外部との交流指向のエッセンスを、外部との交流志向の集落に自治改革志向のエッセンスを導入していくことも重要である。

また、②と④には、ややもすると諦め感が広がっている可能性がある。小田切徳美氏は、限界集落化を一気に進める臨界点があり、その臨界点はある日突然やってくるとし（図7）、災害によるケースが多いと指摘している。②と④は、いま何らかの対応をしなければ一気に限界集落化する危険性があるだろう。今後の一層の目配りが欠かせない。

復興活動への参加者ほど復興したと感じている

最後に、集落の存亡の危機感は変わらないのに、喪失感を補えている集落と補えていない集落の違いは何かを考えていきたい。先ほど紹介したA集落とB集落では、明らかに住民の意識が違う。B集落のヒアリングでは、「何があっても中央（市中心部）に近くなければと思う。奥地は青色吐息だ」「中間層が少なくなったために、地域にあった取り組みを行政が指導してくれればと思う」という言葉が返ってきた。一方A集落では、「次の世代が集落を担うと言ってくれたことが復興のあかし」と答えている。この違いは、どこからくるのだろうか。

私は、この違いは「ガバナンス」にあると思っている。前述した大きなガバナンスが中くらいのガバナンスの成長を支え、小さなガバナンスの潜在的な力を引き出してきた。すなわち「行政の対応が悪いから、われわれは何もできない」から、「われわれが頑張れば、行政が支えてくれる」という住民の意識の変化を促した（三〇ページ参照）。喪失感を補っているのは、何よりも「喪失感を自分たちで補おうとする意識」なのだ。

ガバナンスは、組織や社会に関与するメンバーが主体的に関与を行う意思決定、合意形成のシ

図８　復興活動への住民参加と復興感

	復興したと感じる	復興したと感じない	関係ない	非回答	総計
積極的に参加した	44	5	4	1	54
まあまあ参加した	82	7	38	10	137
あまり積極的に参加しなかった	18	3	11	4	36
わからない	21	2	37	6	66
関係ない	10	0	45	3	58
その他	1	1	7	3	12
集計	176	18	142	27	363

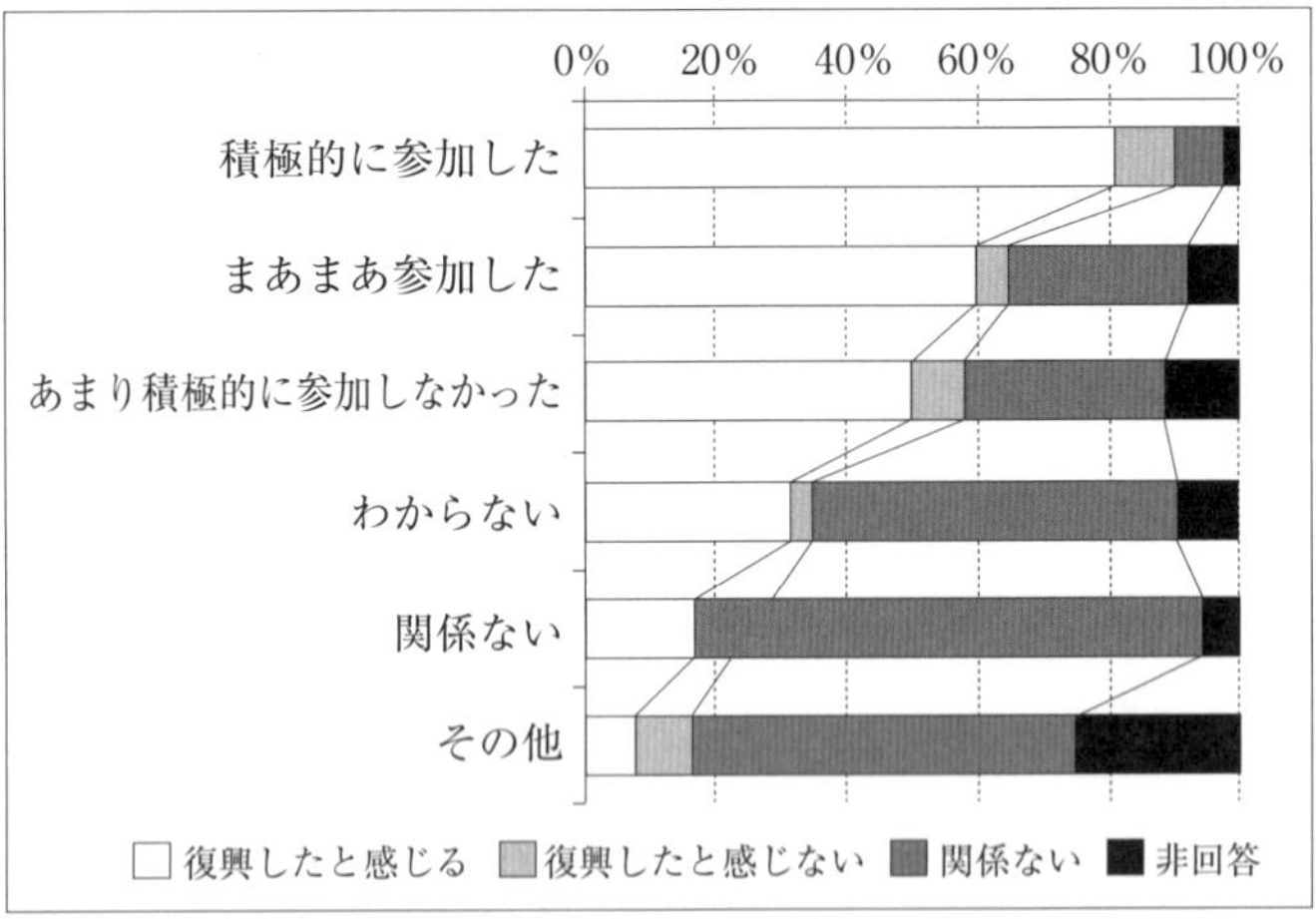

（出典）「平成26年度 復興評価・支援アドバイザリー会誌資料」復興プロセス研究会、2014年。

ステムである。アンケートの調査結果におもしろいデータがある。復興活動への住民参加と復興感だ（図８）。復興活動への参加度合によって、復興感の傾向がきれいに分かれる。復興を測る指標のキーワードは、「ガバナンス」「主体性」、そして「参加」にある。

〈稲垣文彦〉

第2章 復興のすごみ、奥深さ
――集落が変わった

3組の移住者が加わった池谷・入山集落。多田さん一家（前列左端と2番目）、坂下可奈子さん（前列右端）、福島美佳さん（2列目左端）
〈提供：NPO法人十日町地域おこし実行委員会〉

1 限界集落から奇跡の集落へ――十日町市池谷・入山集落

■地域居住者が旧知のNPOへ支援を要請

池谷《いけたに》・入山《いりやま》集落は、十日町市最北部の飛渡《とびたり》地区に位置する。旧川口町と隣接し、十日町市の中では震源地に近い集落である。二つの集落で地域づくりが一体となって取り組まれているため、こう呼ばれている。池谷集落は、一九六〇年の三七世帯、人口二一一人から、中越地震前の二〇〇四年には八世帯、二二人まで減少し、廃村寸前であった。六五歳以上が一二人の「限界集落」である。入山集落は一九八九年以来、定住する住民がいない。

池谷集落では全家屋が半壊以上の判定を受け、棚田や農道も多くが被害を受けた。集落から約二・五キロ離れた飛渡第一小学校に避難した住民たちは、「集落は再建できない」と感じたと言う。それでも、壊れた家が気になり、一週間で集落に戻る。二〇〇四～〇五年の冬は最大積雪三・二三メートルという一九年ぶりの豪雪であったが、集落みんなで力を合わせて冬を乗り切った。それほどまでに、「住み慣れた家と集落」で暮らしたかったのだ。結果的に二世帯は集落を離れたが、六世帯は家を修復し、一六人が生まれ育った集落での生活を選択する。

復興の発端となったのは、入山集落出身の山本浩史さん（一九五一年生まれ、十日町市太子堂《たいしどう》在住）

の派遣をＪＥＮと確認する。ＪＥＮは、ボランティアを派遣するにあたって、受入窓口となる団体の設立と、宿泊・自炊できる施設の準備を依頼した。

これに応えて、二人は「十日町市地域おこし実行委員会」（以下、実行委員会。山本さんが代表）の設立を決める。名称は、「池谷・入山」ではなく「十日町市」。そこには、「周辺地域、十日町市、さらに日本全国に発信できる活動をしていこう」という、二人とＪＥＮの想いがこめられている。

ボランティアの受け入れと団体の設立について、三月末に集落住民向けの説明会を行い、了承された。

「浩史（山本さん）が言うなら。来たいなら、来ればいいじゃねぇか。ただし、村に迷惑かけるんじゃないぞ」

そして、全員が団体のメンバーに名を連ねてくれた。

ボランティアの宿泊施設は、山本さんが市役所に掛け合い、遊休施設となっていた旧池谷分校（小学校）を借り上げた。ただし、建物の老朽化が進んでおり、水まわりを改修しなければならない。そこで、ＪＥＮがＮＰＯ法人新潟ＮＰＯ協会が運営する「災害ボランティア活動基金」から約二六〇万円の助成金を得て、改修費用とした。これをきっかけに、新潟ＮＰＯ協会と同会が参画する中越復興市民会議（以下、市民会議）も、池谷・入山集落への継続的な支援活動に加わる。

ＪＥＮは、ボランティアの調整を現地で行う駐在スタッフとして、除雪ボランティアにも参加していた今村安《やすし》さんを派遣した（二〇〇五年四月〜〇六年三月）。こうして、二〇〇五年五月のゴ

住民とボランティアの交流会。みんな笑顔だ

ールデンウィークからボランティア活動が始まる。ボランティアの派遣は、一〇月まで合計九回行われた。毎月一〜二回、二泊三日（金曜夜集合、日曜昼解散）で、参加者は一五〜二〇人。作業は、春・秋の道普請（農作業の繁忙期前の農道や水路の掃除）、夏の農道の草刈り、住民の農作業支援などだ。住民たちは、こう思ったという。

「頼りになるほどではないが、交通費と宿泊費を払って、わざわざ汚れる仕事をする人もいるんだなぁ」

毎回、二日目の夜は住民を呼んで交流会。負担をかけないように、ボランティアが準備して、住民を招いた。この交流会が、住民とボランティアを近づける大きな要因となった。秋にはリピーターも現れ、互いに顔や名前だけでなく、仕事や趣味までわかるようになったという。

足を運んでくれる皆さんが宝物です

一〇月のボランティア派遣に合わせて、集落で初めて収穫祭を開催することになった。このとき市民会議が、住民が集落を見直す機会になればと、「集落の『宝さがし』イベントも行ったらどうか」と提案。住民たちは「宝なんてないよ」と否定的であったが、なんとか了承された。

「宝さがし」では、複数のグループに分かれて住民とボランティアが一緒に散策。その後、参加者たちが「集落の宝」を模造紙にまとめた。そこに描かれた宝物は、棚田の絶景が望める四ヘクタールもあるブナ林、その豊かな森が育む清水、その水で栽培した農作物、地梨・ムカゴ・山菜などの山の幸、集落に伝わる民謡・民話、桜の木々、星空……。いずれも、住民にとってみれば、見慣れた当たり前のものばかりである。彼らは改めて気づかされたという。

「都市から来た人は、こういうものを宝だと思うのか」

また、ボランティアの一人は、「多くの宝物があったが、地元の人びとが何よりの宝物です」と発表した。これに対して、住民から満面の笑みで、こんな声が返ってきた。

「こうして足を運んでくれる皆さんが、われわれにとっての宝物です」

ボランティアの受け入れを重ねるなかで、両者にいい関係が築かれてきたことを表す場面であった。

広がる支援の輪

収穫祭には、リピーターのボランティア男性の一人が、棚田保全活動を行う棚田ネットワーク代表の中島峰広《みねひろ》さんを連れてきていた。彼は大塚商会の社員であり、ボランティアに参加するうち、「大塚商会の会長にこの地域を応援してもらえないか」と思い始める。中島さんと大塚商会の会長に親交があるため、中島さんが注目しているとなれば会長も動いてくれるのではないかと考えたのだ。

二〇〇五年秋ごろから山本さんは、ボランティアに「池谷・入山のお米を直販できないだろうか」と相談していた。九月に大塚商会の大会議室で行われた復興支援イベントがきっかけとなり、一一月に総務部の計らいで、社員に対して試験販売(三キロ入り一九五〇円)が実現する。三二人が注文し、購入者のアンケートからは「すごく美味しかった」「また買いたい」という声が寄せられ、山本さんは「手ごたえを得た」と語る。

二〇〇六年四月からは、実行委員会の事業で本格的に米の直販事業を開始した。三キロ入り・五キロ入り・一〇キロ入りの販売と、毎月発送する年間契約の二種類。JENの協力で、注文票を会員向けのニュースレター(当時、約三〇〇〇部)に無料で折り込んでもらった(JENが支援を終えた二〇一一年からは有料)。ボランティアたちも購入し、一・九トンを販売できた。山本さんが言う。

「JENのニュースレターに入れてもらったことが大きかった。それがなければ、こんなに注文は来なかっただろう」

米の直販は年々広がり、二〇一〇年には八・三トンにまで増えた。池谷の住民にとって、直販で以前よりも高く米を販売できるようになったのは、とても大きな出来事である。

ただし、住民たちはパソコンに慣れていないので、販売事務が大変で、作業の煩雑さに音を上げた。二〇〇七年から〇八年一〇月までは、今村さんが埼玉から定期的に通って、事務を請け負った（それ以降は七五ページ参照）。また、池谷には、米に混入した石やカメムシの被害を受けた米を除去処理する機械（石抜き機、色彩選別機）がない。購入者から苦情が届くこともあるから、混入物はすべて人手で除去しなければならない。機械の導入も喫緊の課題であった。

一方、二〇〇六年に棚田ネットワークが主催した「棚田フェスティバル」で山本さんは大塚商会の役員たちに会い、集落の取り組みについてさまざまな質問をされたと言う。山本さんは当時をこう振り返る。

「支援する対象として適しているか、集落の熱意を見る面接だったのではないか」

このつながりが活きたのが翌二〇〇七年である。七月一三日に、柏崎沖を震源とした新潟県中越沖地震が発生し、揺れは池谷にも及んだ（十日町市は震度五強）。その影響で、かねてから老朽化が指摘されていた集会所が大きく傾き、大改修に着手しなければならなくなった。山本さんと住民が大塚商会の会長に支援のお願いをしようと考え、手紙と米五キロを送ると、会長は快諾して寄付金を送ってくれたのだ。

復興基金の助成、集落からの持ち出しも合わせて大改修に踏み切り、一二月には完成お披露目会を開催できた。集会所は、会長の「今後も集落が実っていくように」という想いから、「実るいけだん」と名付けられた（「いけだん」は、集落の言葉で「いけたに」の意味）。

ほんとはこの村を残したい

二〇〇七年のボランティア活動では、フェデックス（航空貨物輸送会社）やモルガンスタンレー証券などの外資系企業とＪＥＮの共同プロジェクトが始まる。企業の社会的責任（ＣＳＲ）の一環として、社員を農作業ボランティアへ派遣するというものだ。

このように活動が広がりを見せる一方で、調整役を担う山本さんには過度な負担がかかっていた。そこで、集落の今後の取り組み方向の整理と、米の直販にかかわる各種機械の整備を目的として、復興基金の「地域復興デザイン策定支援事業」「地域復興デザイン先導支援事業」の活用を決める。住民も機械導入は喫緊の課題と認識しており、すぐに了承された。

地域復興デザインの計画（以下、復興計画）策定は、住民、山本さん、話し合いの進行・計画の取りまとめ役として市民会議（二〇〇八年からはＮＰＯ法人まちづくり学校）の長崎忍《しのぶ》さんで行われた。長崎さんとＮＰＯ法人まちづくり学校は、新潟県内外で市民参加・協働型のまちづくりに携わり、まちづくり計画策定への豊富な経験を持っている。会議は、「将来的にこの集落をどうしていきたいのか」というビジョンの話し合いから始まる。この問いかけは、震災翌年からことあるごとに、山本さんや稲田さんから投げかけられてきた。もっとも、当時は「そんなこと、どうしようもない」「（集落が将来なくなるという）わかりきっていることは話したくない」という雰囲気だったという。

だが、二年以上にわたるボランティアの受け入れや米の直販事業の取り組みは、住民の考えを大きく変えた。集落のリーダー的存在である曽根武《そねたけし》さんが「ほんとはこの村を残したいんだ」と口に出し、みんながこの言葉に、堰を切ったようにうなずいたのである。池谷が好きで通ってくる多くのボランティアの存在、自慢の米の購入客とのつながり。これらが広がっていけば、「もしかしたら集落を残すことができるかもしれない」というわずかな希望が、住民に生まれていた。もちろん、まだ確信を持てる状況ではない。山本さんは振り返る。

「口には出したけれども、やれるという自信はまだなかったのではないか。この言葉に実感が伴っていくのは、徐々にだったと思う」

集落存続のための五つの柱

復興計画では、住民の想いをもとに「集落の存続」を理念に設定した。存続させるためには後継者が必要である。しかし、現在の六世帯の子どもたちが集落に帰ってくるという望みは薄い。そこで、住民たちは「後継者を自らの子どもたちに限らず、意欲ある人に集落を引き継がせていきたい」という考えに至る。こうして、復興計画の達成目標を「後継者が暮らせる環境を整える」

とし、実践に向けて五つの柱を掲げた。

①消費者と直接つながる農業

山の湧水で栽培されたミネラル豊富な米としてPRするために、「山清水米」と名付けて販売する。不特定多数の顔の見えない人を顧客にするのではなく、ボランティアで集落を訪れた人たちなど直接顔の見える関係者を増やし、生産者と消費者がつながる直接販売を基本とする。また今後、農産物を用いた加工品を検討していく。

②本音の付き合いでイベント交流

ボランティア受け入れの経験から、集落外の人たちとの交流が地域を元気にする効果があるという認識が共有できた。イベントのときは「本音の付き合い」を心がけ、農村・農業のかかえる問題を多くの人と共有し、解決の道を探っていく。

③エコツーリズム＝自然や文化、技術を活用し、収入源とすることで保全する

農村は、「食糧生産の場」としてだけでなく、里山の自然・景観、技術・生活文化という面でも価値がある。これらを活用し、住民や集落の後継者の収入源にし、伝統文化を保存する取り組みを行う（各種農業・農村体験ツアーの実施）。

④生活できる条件づくり

集落での生活を成り立たせるために「住居、仕事、所得」の三つを確保する取り組みを行う。具体的には、住居は空き家の改修、仕事と所得は山清水米の販売、山菜採りや田植えなどのツア

ー事業。

⑤小さな農村が向き合っているものは日本農業の問題そのもの

集落が向き合っているのは、「食生活の変化による米余り」「衣食住の国内自給率の低さ」「農業と他産業の経済的格差」「高齢化・過疎化」などである。これらは日本がかかえている問題そのものであり、その解決に向き合っていく。

また、「地域復興デザイン先導支援事業」を活用して、二〇〇八年四月から、米の直販にかかわる各種機械（石抜き機、色彩選別機、冷蔵庫）などの整備が進められた。二〇一〇年からは、移住者を迎え入れるための空き家の整備が進められている。

移住者の出現とＪＥＮからの自立

二〇〇八年一〇月からは、棚田ネットワークの中島さんの紹介で、一人の若者が二年半、実行委員会の研修生として池谷で働くことになった。茨城県にある日本農業実践学園で農業を教える立場にあった籾山旭太《もみやまあきた》さん（一九八〇年生まれ）だ。籾山さんは、農村地域や農家の暮らしを体験したいと考え、現場実習できる集落を探していたのである。

籾山さんは旧池谷分校を宿舎として生活し、すぐに米の直販業務やボランティアの調整を任され、山本さんの負担が大幅に緩和された。

「池谷に常駐者がいるというのは飛躍的前進だった。籾山さんがいることによって、平日の昼間にボランティアの調整ができるし、米の直販作業の事務も担ってもらえた。しかも、彼は人に対してすごく丁寧で、一生懸命に対応する。住民から愛され、籾山さんに会いたいからとリピーターになったボランティアもいました」(山本さん)

山本さんと籾山さんは、籾山さんが研修期間を終えた後の体制について話し合いを続けた。二人が考えたのは、「青年海外協力隊」の日本・農村バージョン、「青年地域おこし協力隊」を全国に募集するというアイデアである。

その後、偶然にもほとんど同じ名前の「地域おこし協力隊」事業(総務省)が二〇〇九年度から始まり、十日町市でも導入を決めた。「地域おこし協力隊」は、過疎地域が都市住民など地域外の人材を新たな「地域おこし」の担い手として受け入れる制度(最長三年間、隊員の人件費や事業費は国から自治体へ特別交付金として交付される)である。池谷・入山集落へは複数の応募者があったが、いずれも事業終了後の定住を前提としていない。二人は、「ずっと住んでくれる人を自分たちで探そう」と、応募者を断った。

二〇〇九年五月、JENとフェデックスの共同プロジェクト「田んぼに行こう」(田植えイベント)に、後に地域おこし協力隊員となる多田朋孔《ただともよし》さんが参加する。東京のコンサルティング会社に勤務していた多田さんは、新たな生き方を模索していた。

「二〇〇八年のリーマンショック以後、経済、金融のグローバル化を進める世界経済の枠組みは制度的に限界にきていると感じていた」

多田さんは、「この集落から全国の農村を変えていきたい」という山本さんの想いや、移住者が決まっていないのに空き家の改修を始めていると聞き、住民の集落存続や後継者づくりへの本気度を感じたという。その後も池谷に通い続け、二〇一〇年二月に地域おこし協力隊制度を活用し、奥さんと子ども一人を連れて移住した（移住後、一人子どもが生まれ、二〇一四年現在、四人暮らし）。

多田さんは、籾山さんや山本さんと米の直販事業とボランティアの受け入れや、実行委員会の法人化に向けた準備を行った。また、集落の後継者として自給的な暮らしを目指し、農業技術の習得にも熱心に取り組んだ。翌二〇一一年には、ボランティア活動のリピーターであった女性二人も移住している。現在は九戸二二人。震災後より三戸、六人が増えたわけだ。

JENの支援は、多田さん一家の移住をきっかけに二〇一一年一一月で終了した。ボランティアの活動自体は継続するが、JENの支援から「自立」し、独自に募集と受け入れを行っていくのである。自立を記念して、「日本一元気な村～池谷・入山集落の自立式～」が行われた。

山本さんは今後の展望について、こう話している。

「移住者の住居と収入、仕事の確保が最大の課題。新たに家を建てる準備をしている」

後継者確保への道筋はできた。移住者が集落で暮らし続けられるための環境整備がこれからの課題である。

「奇跡の集落」をもたらした要因

このように池谷・入山集落は、JENの支援によって震災直後には考えられないネットワークを築き、ボランティアの受け入れをとおして、集落存続に向けた取り組みを前向きに進めてきた。そこには、三つのポイントがある。

第一は、住民の考え方の変化だ。籾山さんは、「ボランティアたちの飾らない本音の言葉が住民にとって新鮮だったと思う」と言う。農作業の支援だけでなく、交流会を通じて農村・都市の暮らしを理解し合えた。つまり、都市には都市の良さがあるが、農村には農村の良さがあり、自分たちの集落も捨てたものではないと気づいたのである。住民はいま「この村(集落)をぶちゃる(捨てる)のが惜しくなった」と話している。

第二は、外部支援者の広がりだ。リピーターになるボランティアが多い。彼らは自らできることに能動的に取り組む。なぜ、こうした広がりが生まれてきたのだろうか。

「住民や山本さんは、『集落は高齢化が進んでおり、外部の人たちの手を借りないとどうにもならない』という考えを前提として持っていて、ボランティアの積極的なかかわりを歓迎していたからでしょう」(籾山さん)

「池谷に来るボランティアは私に、『今度はこんなツアーをやったらいいんじゃないか』『米の販売先としてここに声をかけてみたらどうか』と、さまざまなアイデアを話してくれます。私は『それは無理じゃないか』と否定するわけにもいかないですし、一つひとつ丁寧に聞いて受けとめるように心がけていました。ボランティアの想いを汲み続けることが大事です。私からもボランティアに、『集落のためにできることをしてほしい』と伝えていました。集落がなくなったら、ボランティアも集落に遊びに来られないわけですから」（山本さん）

集落の現状に対して、ある意味では開き直りの気持ちで、ボランティアからの支援を前提とし、自らの考えを伝え、ボランティアの集落へのかかわりを積極的に促していったのである。

第三は、住民と外部者の調整役としての山本さんの役割だ。入山の出身だから、池谷の人たちは山本さんの人柄を知っている。ボランティアのアイデアを実行するとき、山本さんが住民にきちんと情報を届け、相談さえすれば、「浩史に任せた」「浩史が言うなら」と信頼してくれる。逆に、住民から外部者へのクレームも山本さんが仲介・調整して解決につなげられる。ボランティアをはじめ、これだけ多くの人がかかわる取り組みでは、こうした調整役の存在は必須だったにちがいない。

〈阿部　巧〉

2 集落は復興した——長岡市（旧山古志村）池谷集落

全村避難

旧山古志村（現長岡市）は長岡駅から村の中心部まで約二〇キロに位置し、冬には平均三メートルの雪が降る。錦鯉発祥の地として、また国の重要無形民俗文化財に指定されている牛の角突きが盛んなことで名高い。日本の原風景といわれている棚田の景色を求め、写真家も多く訪れてきた。一九七〇年に訪れた民俗学者の宮本常一は、「箱庭のように美しい村」と讃えている。

中越地震では、道路の崩壊によって全集落が孤立した。集落の有志は、状況を役場に伝えるために一晩かけて歩き、峠越えをしたという。一〇月二四日、当時の長島忠美村長は村民の命を守ることを最優先に考え、全村避難を決断した（人口は二一六七人）、道路の崩壊によって陸路の移動が難しかったため、全村民がヘリコプターで長岡市に避難した。上空から被害の状況を見て、「二度と山古志に戻れないだろう」と思った住民もいたという。二五日に全村民の避難が完了し、八カ所の避難所で避難生活を送ることになる。

旧山古志村（以下、山古志）は大字単位の五地区（種苧原《たねすはら》、虫亀《むしがめ》、竹沢《たけざわ》、東竹沢《ひがしたけざわ》、三ケ《さんが》）、小字単位の一四集落で構成されている。ここで紹介する池谷《いけだに》集落は三ケ地区に属し、標高二九〇メートル、

表5　地区ごとの被害状況

地区名	戸数	全壊	大規模半壊	半壊	一部損壊	家屋全壊率
種苧原	203	24	14	102	63	12%
虫　亀	160	39	32	66	23	24%
竹　沢	199	98	23	52	26	49%
東竹沢	92	85	4	3	0	92%
三　ケ	93	93	0	0	0	100%
合　計	747	339	73	223	112	45%

（注）2005年8月現在、住戸のみ。
（出典）「山古志6集落の再生の記録」長岡市、2008年。

三四世帯、九七人が暮らしていた小さな集落である。まず、山古志の住宅の被害状況を概観しておきたい（表5）。地区によって違い、三ケ地区の被害が際立って大きいことがわかる。

帰ろう山古志へ

ここでひとつのエピソードを紹介したい。山古志では避難から約一〇日後に「避難所の住民の大移動」を行った。なぜだろうか。

当初は避難が優先され、ヘリコプターで救出された順に避難所が割り当てられる。そのため、住民は地区・集落でまとまることができず、バラバラに避難生活を送った。被害が少なかった集落の住民は早く村に帰りたいと思う一方で、被害の大きかった集落の住民は先行きが見えずに途方に暮れている。この両者の会話が成り立たなかったのだ。

そこで、役場の発案で地区・集落の住民が同じ避難所でまとまって暮らせるように、大移動が行われた。自衛隊のトラックとバスを何台も連ねて、避難所を回る大作戦だ。この移動後は、知った者同士の避難生活になり、住民は落ち着きを取り戻していく。

集落の自治機能も復活し、住民自治による避難所運営が可能となった。

約二カ月間の避難所生活を経て、一二月二二日、全村民が応急仮設住宅に入居した。この仮設住宅には、集落自治の維持と高齢者に配慮したいくつもの工夫がなされている。特筆すべきは二点だ。第一は、集落自治機能を維持するため地区・集落ごとに入居できるように工夫したことである。第二は、できるだけ山古志の生活を再現できるように工夫したことである。

集落自治機能を維持するために、五地区それぞれに集会所が設置された。集会所では、住民がお茶飲みやイベントなどに集い、励まし合うだけでなく、集落再生に向けた話し合いが繰り返し行われていく。また、仮設住宅のなかに郵便局、診療所、交番が設置され、床屋やパーマ屋さんを営んでいた自営業者が出張営業の許可を受けた。さらに、隣接する用地に「長岡市ふれあい農園」が設けられ、山古志同様、土を耕す暮らしができるように工夫された。ある住民が言う。

「先のことを考えて辛くなったときは畑仕事で気を紛らせていた。私は畑に助けられた」

その後、早く出た人で二年、一番遅く出た人で三年二カ月間、仮設住宅に暮らすこととなる。

山古志村役場では、さまざまな関係者の協力のもと、二〇〇五年一～二月に住民の意向調査を行った。この調査では、九二％が村に帰って生活することを希望している。この意向をベースに、役場では村独自の復興プランの作成を始めていく。山古志村は、二〇〇五年三月に長岡市との合併が決まっていた。合併前に独自の復興プランを作成したい。役場内だけでなく、住民との座談会を行い、住民が参加する復興委員会を設置し、三月末まで協議を重ねた。このような経過をたどってできたのが、「帰ろう山古志へ――山古志復興プラン」である。

一〇年間、寄り添いながら住民をサポート

山古志では、震災直後から二〇一四年までの一〇年間、住民に寄り添いながらサポートする支援者がいる。避難所ではボランティア、仮設住宅では生活支援相談員、山古志に戻ってからは地域復興支援員と立場を替えながら、住民に寄り添い続けてきた。

ここからは、私の回想録的に、震災直後からの経過をたどっていきたい。

二〇〇四年一〇月二五日、長岡市社会福祉協議会で長岡市災害ボランティアセンター（以下、災害ボランティアセンター）が立ち上がった。私はたまたま長期間ボランティアできる環境にあったので、運営側のスタッフにまわる（後に、災害ボランティアセンター山古志班のコーディネーターになった）。

そんなころ、山古志の住民が長岡市に避難してきているとの情報が入り、市内に設置された山古志村役場現地対策本部がある新潟県長岡地域振興局を訪ねた。そこで、役場の職員と話し合い、災害ボランティアセンターで避難者のサポートをしていくことが決まる。翌日には、山古志班が設置され、避難者のサポートを進めた。

まず、七カ所ある避難所にボランティアを送ることから始めた。当初は、避難所の名簿づくりや物資の受け入れがおもな活動だったと記憶している。避難所の住民大移動があった後は、住民

自治による避難所運営のサポート、高齢者、障がい者などのケア、仮設住宅への入居サポートなどを行っていく。

山古志班の設置から一週間も経たずにボランティアとして訪れてくれたのが、現在も山古志で地域復興支援員として活躍している井上洋《ひろし》さん（一九七八年生まれ）と佐野玲子さん（一九五六年生まれ）である。当時、井上さんは大学生、佐野さんは主婦だった。二人ともボランティア経験はないものの、避難所運営のリーダー的な存在として、避難所閉鎖まで献身的に活動を続けた。

佐野さんは三ケ地区（池谷集落、大久保集落、楢木《ならのき》集落）が避難する長岡大手高校済美会館の担当で、これをきっかけに三ケ地区を一〇年間サポートし続けることとなる。震災直後に池谷集落を訪れ、二〇一二年に再訪した熊本大学の徳野貞雄教授が「地域復興支援員が、集落から出た一人ひとりのことを詳しく知っていて驚いた」という感想を私に語ったことがある。その背景に、佐野さんの長年の献身的なサポートがあったことは言うまでもない。

仮設住宅入居後は、災害ボランティアセンター山古志班を山古志災害ボランティアセンターに変え、山古志の住民が暮らす仮設住宅の一画に山古志村社会福祉協議会と一緒に事務所を構えた。二〇〇五年一月から、ボランティアスタッフの数名が、生活支援相談員として雇用され、社会福祉協議会の職員とともに住民のサポートを行うことになる。

私もこの生活支援相談員の一員に加わった。ただし、四月で辞めて市民会議の立ち上げに参画したため、仮設住宅のサポートはほとんど行っていないに等しい。以後、スタッフの入れ替えに

表6　10年間のサポート体制

【仮設住宅での支援】 集会所を利用したお茶会、誕生会、健康体操などのサロン活動、訪問による見守り活動、高齢者を中心とした引っ越しや片付けの手伝い、生活相談業務、ボランティア・支援イベント・支援物資のコーディネート、住民活動の支援および企画参加、仮設住宅環境整備（プランター花植えなど）、高齢者を中心とした送迎など
【山古志での支援】 帰村世帯表の作成による状況把握、訪問による見守り活動、地域活動の支援および企画、生活相談業務、ボランティア・支援イベント・支援物資のコーディネート、高齢者を中心とした送迎など
【罹災者公営住宅での支援】 訪問による見守り活動、生活相談業務、送迎、ボランティア・支援物資のコーディネートなど
【各関係機関との連携】 長岡市山古志支所（各課、各分室）との連絡調整会議、山古志地域民生委員協議会での情報交換、支所保健師、派出所との連絡情報交換会議、生活再建相談会および地区別懇談会への参加・協力、各機関共通認識のフォロー世帯数の作成など
【外部機関との連携および調整】 各種情報提供、調査協力・取材協力・視察協力など

（出典）東洋大学福祉社会開発研究センター編『山あいの小さなむらの未来―山古志を生きる人々―』博進堂、2013年。

よって佐野さんと井上さんが生活支援相談員となり、二人を中心に仮設住宅のサポートが行われていく。

その後、帰村が始まってからは、帰村住民と仮設住宅に残る住民のサポートを同時に行い、全住民が帰村してからは、地域復興支援員として、住民の見守りから地域づくりまで多岐にわたるサポートを継続している（表6）。こうした献身的なサポートを長年継続してきたこともあり、住民の彼らに対する信頼は絶大だ。住民は「ボラセン（地域復興支援員がいるところ)に行けば何とかなる」と異口同音に口にする。私は、この二人のサポートは「地域づくりの足し算と掛け算」(第4章1参照)の究極の姿であると考えている。

震災当日から帰村まで

以下では、震災当時に池谷集落の区長だった青木幸七さん(一九三六年生まれ)のインタビューをもとに、池谷集落の震災直後から現在までのプロセスを紹介したい。

一〇月二三日一七時五六分、中越地震の発生。池谷集落では、複雑骨折をした怪我人がいた。道路が壊れていたため、役場まで歩いて情報を伝えに行く(二一時三〇分発、二三時三〇分着)。峠を越えた桂谷《かつらや》集落や竹沢地区まで行くと、池谷に比べ被害が少なかった。地区によって被害状況が違うことを認識する。

その後、二日間、屋外で避難し、三日目に長岡市の長岡大手高校の体育館に避難した(長岡市内も地震の被害があり、多くの市民が市立小・中学校に避難していた。そのため、新潟県立高校の体育館などを山古志の避難所として開放)。ヘリコプターでの避難のため一人あたりのスペースが限られ、身の回りのものを十分に持っていくことができない。着の身着のままの避難であった。先行きが見えず、みんな不安な様子。手持ちのお金の余裕もなく、子どもたちに何か買ってあげることもできない。

そこで、何かあった際に使おうと思って用心のために蓄えていた神社会計から、一世帯あたり一〇万円を配ることにした。ここで集落がまとまったような気がしている。約一〇日後に避難所の住民の大移動があり、三ケ地区の住民は長岡大手高校済美会館にまとまった。これによっても、集落のまとまりができた気がする。

避難所の全員が仮設住宅に移ったのを確認して、最後に移った。やっと手足が伸ばせる状態になり、ほっとする。三ケ地区は、陽光台応急仮設住宅Aにまとまって入居できた。仮設の生活が落ち着いたころ、村に帰ることができるか不安になった。集落が山古志の端っこなので、果たして三年間で戻れるだろうか。この年の豪雪が、さらに不安を増幅させた。池谷集落に雪の処理に行くたびに、家が雪の重みでつぶれていくのをこの目で見て、不安がつのった。

仮設住宅では、絶えず集落のみんなで集まり、村に帰るか帰らないかの話をしていた。また、暇があれば、楢木、大久保の住民も一緒になってお茶飲みをし、親しくなった。二〇〇五年一月には、三ケ地区合同で賽《さい》の神（集落の祭り）を行った。

村に帰るか帰らないかの最初のアンケート（二〇〇四年一二月）では、帰りたい世帯が二七世帯。それが冬を越すと一五世帯に、そして最終的に一三世帯になった。池谷集落に一番早く戻った人は、二〇〇七年八月。私は仮設住宅に集落の入居者がいなくなったことを確認して、二〇〇七年一二月に集落に戻った。私が戻った最後だ。

その後は、どんな村づくりを行ってきたのだろう。三点にしぼって紹介したい。

営農組合の設立

震災前から池谷集落は、過疎化・高齢化が進んでいた。これを防ぐためには、「年をとっても働けるところ、稼げるもの」が必要だ。震災後、過疎化・高齢化が加速した。そこで、少しでも多くの世帯が戻ってきてほしいとの思いから、池谷に帰って生きる楽しみは何かと考え、出した答えは農業。とはいえ、家も農作業小屋も農機具も壊れている。住宅再建だけでも大変なのに、個人で農業の再建は難しい。そこで、営農組合を立ち上げることにした。

営農組合については、仮設に三年いることがわかった時点で考えていた。住民にも話したが、個々の住宅再建が心配で、あまり話にのってこなかった。でも、村に帰ってからは話が早く、二回の会合で組合設立が決まる。仮設住宅での三年間は、田んぼは休耕田扱いにし、配分金をもらって蓄えていた。中山間地域等直接支払制度（一二四ページ参照）の交付金もプールしていた。

二〇一〇年に営農組合歩夢《あゆむ》南平《なんぺい》を設立した。池谷の名前を付けなかったのは、近隣の大久保、楢木集落の住民が入りづらいだろうと思ったから。南平は昔のこの一帯の呼称だ。組合の設立と機械購入にかかったのは四〇〇〇万円。七五％は復興基金の農林水産業対策事業「地域営農活動緊急支援」で充当し、残り二五％は仮設住宅での三年間の蓄えを充当したので、個人負担はなかった。その後の運営も順調だ。

営農組合では、田植え機やコンバインなど農業機械を共同で保有し、農家から受託料金をもらって田植えや稲刈りをしている。田植えから収穫までの草取りや水管理は各自で行う。年をとってからでも続けられる「生涯現役農業」のかたちができたと思っている。収穫が終わったあとは、全組合員と家族全員で懇親旅行に行く。また、組合の機械のオペレーターが年をとったので、若手に引き継ぐための講習会を行っている。

営農組合について、集落の住民は次のように語る。

「組合があって助かっている。八〇歳近いうちのおじいちゃんは、杖を突きながら毎日田んぼの水を見に行っている。懇親旅行も楽しい」（七八歳の女性）

「組合形式にしたのはよかった。他の仕事を持っている人には助かる仕組み。いまは若い世代もかかわっており、世代交代を進めている」（五二歳の男性）

「組合があるから、集落から離れていても農業が続けられている。最初からありがたいと思っている。助かるのは、機械を自分で調達しなくてよいこと」（集落を離れて小千谷市内に住む六六歳の男性）

かぐら南蛮保存会の設立

一九九五年に、かぐら南蛮（山古志の特産野菜。ピーマンよりひとまわり小さい、コロッと太った唐辛子）を食べた長岡市内の市場関係者から、「なぜ出荷しないのか」と言われたことをきっかけに、細々と出荷するようになった。それまでは、畑の隅で五〜一〇本を栽培し、大根漬の薬味に使っていた自家用野菜だ。最初に出荷したとき、苗一本からできた実が一〇〇〇円で売れ、米よりも良いと思った。

震災後、かぐら南蛮の問い合わせが増えていく。また、震災の翌年、ＮＨＫの昼の番組で紹介されたことで、全国から問い合わせがきた。そこで、「かぐら南蛮保存会」を二〇一〇年に立ち上げた。良い品物を出荷したい、種採りを自分たちでしたい（山古志在来種にこだわりたい）、農薬を抑えて育てたいという気持ちからだ。

保存会の会員は、山古志全域で三〇名。多い人は、二〇〇〇本の苗を育てている。私は、三畝《せ》（三アール）に五五〇本の苗を育て、およそ四〇万円の収入になった。米は一反（一〇アール）で収穫が八俵、収入はおよそ一四万円だから、米よりはるかに収入が上がる。また、かぐら南蛮の良さは、軽いうえに、収穫時期が七月から霜が降りるまで長いこと。これも、年をとってからも続けられる「生涯現役農業」のかたちだと思っている。これまで農業をやっていなかった人が栽培を始めるケースも増えてきた。

かぐら南蛮保存会について、集落の七八歳の女性はこう語る。

「青木幸七さんと、かぐら南蛮作りを震災前からずっとやっていた。震災後も、きらさず、仮設住宅の畑でも栽培した。好きでやっていた。孤独でなく、友だちもいたし、張り合いがあった。かぐら南蛮は収入になるので助かる。今年は、私が一〇〇本、おじいちゃんが一五〇本の苗を植える」

集落を離れた人との関係と集落の連携

震災前の三四世帯が、現在は一三世帯。しかし、集落を離れた二一世帯のうち一六世帯は、山古志から比較的近い長岡市と小千谷市（車で二〇分程度）に住んでおり、ほとんど毎日、農作業をしに通ってくる。あとの五世帯は住まいが遠いから毎日訪れることはないが、年に数回、山菜取りや集落の祭りなどには顔を出す。日中は、震災で人口が減った気がしない。夜は寂しいけどね。

地域復興支援員の佐野さんが、年に一回「ふさんこって会」（「ふさんこって」は山古志の方言で「久しぶり」という意味）を行ってくれている。ふさんこって会では、震災当時の三ケ地区の住民を対象に、集落に残った人も離れた人も一緒に、食事をしたり、カラオケをやったり、温泉に入ったりする。これは、佐野さんの提案から始まっている。避難所から仮設住宅でずっとお茶飲み会を継続し、住民一人ひとりと顔の見える関係をつくっていた佐野さんだからこそ、できた。

こうした佐野さんの地道な取り組みによって、二〇一一年に三ケ地区の合同盆踊り大会が開かれた。震災によって世帯数が減ったため、近隣の集落と一緒になりたいという思いがあったけれど、難しかった。三ケ地区の集落は、池谷が一三世帯、楢木と大久保が一二世帯といずれも少なく、単独では盆踊りができない。そこで、佐野さんが合同の盆踊り大会を提案してくれ、みんなの意見がまとまった。これを自分が言い出したら、まとまらなかっただろう。あいつが変なことを言い出した、となってしまう。

また、二〇一二年には、三ケ地区から東京に出て行った人たちが三ケ校友会をつくった。会員は二五〇人いる。四月の第二日曜に総会をやり、総会後に同級会をやる。この年からは、八月一五日に牛の角突きを見て、三ケ地区合同盆踊り大会に参加するバスツアーも始めた。いまの盆踊りは震災前より盛り上がり、子どもたちに音頭の指導もしている。

集落を離れた人との関係と集落の連携について、集落の住民はこう語る。

「ふさんこって会は、佐野さんが企画して、気軽に声をかけてくれる。集落を離れた人も気兼ねなく来ている。みんなに会えて、うれしい。盆踊りは本当に賑やか。うちには親戚が二〇人くらい集まる。佐野さんは、一〇年ずっと近くにいてくれた。支所に行くより佐野さんに聞けば何でもわかる。会えば必ず声をかけてくれる。声をかけてくれるだけでうれしい」（七八歳の女性）

「集落を離れた人との関係は良い。道普請も一緒にやってもらっている。盆踊りは、外とのつながりもできる。その日は本当に村が賑やかになる。佐野さんは面倒見が良く、気安く接してくれる。村の年寄りが元気になった。われわれが動くきっかけをつくってくれる。最初は面倒だと思うが、やってみて喜ばれることで、やりがいに変わり、活動が継続していく。動けば、また新たな考えが浮かんでくる」（五二歳の男性）

「池谷にいると心が落ち着く。池谷には、農作業のほか、道普請、注連縄《しめ》ない、蕎麦打ちに来ている。集落に残った人は気軽に声をかけてくれる。声をかけてくれるのがうれしい。お互いに言い合える関係になっている。陰で言われると嫌だが、そんな関係ではない」（集落を離れて小千谷市内に住む六六歳の男性）

「佐野さんの力は大きい。われわれの後押しをしてくれる。外の目線から発言してくれるのがありがたい。合同盆踊りに対して最初は批判もあった。しかし、やってみたら、文句を言っていた人も参加してくれた」（四〇歳の男性）

「復興した」と言える理由《わけ》

青木さんに「池谷集落は復興したと思いますか」と問うたところ、明快な答えが返ってきた。

「二〇一三年に区長が世代交代した。今後、四〇～五〇代の五人が交替で区長をまわしていくことに決まった。次の世代を担う人たちが今後は自分たちでやろうと言ってくれたことが復興の証《あかし》。だから、池谷は復興したと言える」

世代交代までの経過は、こうだ。村の今後について六〇～七〇代が会合を開いて話し合い、彼らが青木さんに相談にきた。そのとき、青木さんは「若い人を信じてみよう。若い人に投げかけてみよう」と答えたという。その思いを後に語っている。

「若い世代を信用せずに、バトンを渡すという考えは、間違っている。そして、先輩は若い人たちの足を引っ張るようなことをしてはダメだと思う」

池谷の復興と世代交代について、集落の住民はこのように語る。

「いまの池谷の状態が一番良い。胸が晴れ晴れする。一三世帯、みんな元気。ちょうど良い交代時期。若い人は若い人なりの考えがあるので、昔と比べてはいけないと思う。あと、幸七さん

が震災以降、頑張った。なかなかできないことと思う」（七八歳の女性）

「盆踊りをしたとき、復興したなと感じた。昔に戻ったような気がした。若い人で区長をまわすことについて、すぐに返事をした。結局は誰かが引き受けなければならない。年寄りが頼んでくれたことが、大きなきっかけとなった。まずは、五人で五年間まわしてみようと思う。まわすことで、それぞれの意識が生まれ、問題もわかり、次に何をすべきかがわかると思う。伝統ばかりにこだわっていてはダメ。できないものはできない。無理をすることで余計出ていく人が多くなる。伝統と新しいことのバランスが大事だと思っている」（五二歳の男性）

青木さん自身は、こう言う。

「震災によって池谷は人が少なくなった。これをどう埋め合わせて、次の世代につなげるかが、池谷の復興の課題だ。その課題をすべての人が自分事として考えることが大事だと考えた」

すべての人が自分事として考えることを象徴する出来事が、世代交代であったのであろう。そう考えると、「復興した」理由は「すべての人が自分事として考えることができた」ことにあるといえる。

池谷集落の取り組みから学ぶべきもの

私は、池谷集落の取り組みに学ぶべきものがあると考えている。そのポイントは三つだ。

まず、役場が住民の思いを受けとめていたこと。住民の思いをもとにビジョンをつくり、ビジョンに向かって住民や関係機関と協働で取り組みを進めた。詳しく紹介できなかったが、役場職員は住民一人ひとりに向き合い、それぞれの住宅再建を親身になってサポートしている。新潟県も、役場の立て直し、復興プランの作成、国との交渉などで役場をサポートしていた。加えて国は、国道二九一号線の直轄工事のみならず、「帰ろう山古志」の実現に向け最大限のサポートをした。

次に、一〇年間にわたって住民に寄り添い続けた支援者がいたこと。地道なサポートによって住民の信頼を得るだけでなく、住民と顔の見える関係を構築していた。その地道なサポートが住民を支え、ときには、住民だけではなしえない、集落を離れた人との関係や集落の連携をつくり出していく。

最後に、住民自らが課題に立ち向かったこと。震災によって過疎化・高齢化が急速に進んだ状態（課題）に向き合い、さまざまな模索や葛藤を経て、最後は住民一人ひとりが課題を自分事として考えた。

第1章1で、震災復興を支えた三つのガバナンスに言及した（二八～三一ページ）。私は、池谷集落の取り組みはそれを語るうえで象徴的だと考えている。そこから学ぶべきものは、農山村の地域づくりを進めていくうえでベースとなる、ガバナンスの考え方であるといえる。

〈稲垣文彦〉

3 大学生の畑づくりからすべてが始まった——長岡市(旧川口町)木沢集落

田んぼができない

中越地震の震源地に隣接する木沢集落は、二〇一〇年に長岡市と合併した川口町の中心部から北東の山間部へ車で一〇分ほど走ったところに位置する。かつては、峠集落や荒谷《あらや》集落、山古志村、小千谷市東山地区とともに二十村郷《にじゅうむらごう》と呼ばれ、闘牛、錦鯉、山深い棚田の風景など中越地方の山里を象徴する地域だ。旧川口町は信濃川と魚野《うおの》川が交わるところの小さな平野と山間部に集落が点在し、新潟県内でも豪雪地帯である。

一九八〇年には七九世帯、人口二九〇人だったが、二〇〇〇年には五八世帯、一六一人に減少し、小学校は〇三年に廃校となった。震災の被害は、死者一名、全壊四五戸、大規模半壊六戸、半壊四戸。当時の五二世帯、一三八人から、二〇一一年四月には三七世帯、八一人にまで減った。高齢化率は五六%で、旧川口町の三一%に比べて大幅に高い。

木沢の暮らしを象徴するような言葉を聞いたのは、震災から一年ちょっと過ぎた二〇〇五年一二月だった。川口町役場の呼びかけで、集落の役員をはじめ約二〇人の住民、企画商工課(復興、地域づくり担当)、市民会議、ボランティアが集まって開かれた「移動井戸端会議」(一九ページ参照）の場である。木沢の課題を出し合い、住民主体の復興へ取り組むきっかけになればと、企画商工課では考えていた。会議の後半で、七〇代の男性が言ったのだ。

「田んぼがダメになって、まだ復旧できてない。このままでは、みんなボケてしまう、ボケ防止生産組合をつくらなくちゃいけねぇ」

このときの課題は、もっぱら「田んぼができない」ことであった。棚田の生産性は、地形的・自然的な条件から低い。木沢でも、自家用米と親類に配る縁故米が中心で、出荷量は多くない。経済性で考えれば、それほど大事には思えない。しかし、暮らしは経済性の尺度だけで動いているわけではない。田んぼをつくるということは、木沢の住民にとって欠かせない日常であり、生きがいである。

復興の主体となる任意団体

木沢集落には、震災以前の二〇〇二年につくられた「フレンドシップ木沢」がある。二〇一四年の会員は約二〇人で、都市との交流事業（季節ごとの農村体験ツアー）や廃校となった小学校を利用した民宿経営、集落内の遊歩道整備などに取り組んでいる。もっとも、震災までは集落の住民にはほとんど認知されていなかった。

川口町では当時、住民主導の地域づくりを推進するために、「集落の元気づくり事業」が推進されていた。住民が主体となって任意団体をつくることを前提に、活動費として役場から五万円の補助金が出される。役場の働きかけを受けてフレンドシップ木沢を設立はしたものの、取り組む課題やテーマを見つけられず、実態はなかったのだ。

復興の取り組みを進めるにあたって、企画商工課長の星野晃男《みつお》さんはこう考えていた。

「区ではなく、フレンドシップ木沢を中心に、元気づくりに取り組むべきだ。また、会長を区の総代が兼ねると、毎年会長が変わってしまう。それでは活動に継続性が生まれない」

一般に区は、集落を代表する組織である。その代表を総代と呼ぶ。木沢では、総代をはじめとした七名の一年交替の役員によって運営される。星野さんは、継続的な取り組みにするためには、区とは別の代表が長く続けられる任意団体が必要だと認識していた。

二〇〇五年の冬から翌年春にかけて、役場担当者と市民会議のメンバーで、木沢への支援について話し合いが続く。そこでは、フレンドシップ木沢の会長と役員を新たに選任するよう促し、四月から新体制で活動していくことが確認された。市民会議は、ボランティアとして中越に通っていた宮本匠《たくみ》さん(一九八四年生まれ、現・京都大学防災研究所特定研究員)を木沢担当に決める。大阪大学の四回生になった宮本さんは長岡市に住まいを一年間移し、市民会議のメンバーとして活動しながら、災害復興のフィールド調査をしていく。

こうして、フレンドシップ木沢の活動が二〇〇六年四月に再開する。会議では、市民会議から復興への取り組みが先行している旧小国町の法末《ほうすえ》集落(第2章4参照)や十日町市の池谷・入山集落(第2章1参照)のケースが紹介された。そして、「どんなことをすれば集落が元気になるのか」

「フレンドシップ木沢の役割は何か」がイメージできればと、市民会議の仲介で五月に法末を訪れた。

法末には、木沢と同様に、廃校となった小学校がある。その廃校を都会の子どもたちの自然教室を行う際の宿泊施設として運営していた（「法末自然の家『やまびこ』」）。法末は小国町でもっとも山深いところに位置し、積雪も多い。木沢と同様な条件にもかかわらず、やまびこを中心に集落の資源をフル活用し、多くの人たちが訪れている。身の丈感に近い法末を視察して、「自分たちにもこんなことができるかもしれない」という実感を持てたようだ。

畑を始めて、住民と仲良くなる

宮本さんは、フレンドシップ木沢がどんな取り組みを行えばよいのか思案していた。まず、住民と仲良くなり、さまざまな話を聞ける関係をつくらなくてはならない。そのためにも、木沢に通う理由が必要だ。そこで、「畑をやってみたい」と伝え、住民から畑を借りることにした。集落の中心にある廃校となった小学校のすぐ近く、見慣れない男が何かしていれば嫌でも目立つ場所である。

宮本さんは、大学の同級生や後輩でつくるボランティアサークル、長岡技術科学大学のボランティアサークルのメンバーにも声をかけた。都会で育ち、大学でボランティアについて学ぶ宮本さんが畑を始めるとなれば、一から十まで教わらなければ何もできない。「集落のためにお手伝

宮本さん（右）に耕運機の使い方を教える住民

いをする」どころではない。集落の人たちに面倒を見てもらわなければならない。畑を始めた日には、宮本さんをすでに知っているフレンドシップ木沢のメンバーに加えて、ふだん会合には顔を出さないおばあちゃんたちも、鍬の使い方やマルチの張り方などを指導してくれた。

宮本さんと学生たちは、畑づくりだけでなく、集落の方々にお茶飲みに誘われては、お茶の間に上げてもらった。ときには食事をいただいたり、一緒に山菜を採ったり……。集落行事に参加して、酒も飲まされた。こうして、徐々に集落の人たちとの関係をつくっていく。宮本さんは、そんなやり取りを自らの卒業論文（後に博士論文）「現代社会における災害復興に関する現場研究」にまとめた（カッコ内は筆者補足）。

「(木沢住民の中に)話ができる人が少しずつ増えていき、その方ともまた山を歩いたり、畑のあぜ道で立ち話をしたりする。そしてその場でも『へぇ、山野草ってこんな風に育つんですか』『やっぱり昔の人はかしこかったんですね。すごいなぁ』と話していると、『おぅ、そうなんだよ』とその方が生き生きとした表情で、また次の話をしてくださる。そして、実はこのようにお話を聞いて、『すごいですね』と話し合っていた人たち(こうしたやり取りを宮本さんとしていた住民)が、少しずつフレンドシップ木沢の会議でも自ら話題を出したり(たとえば遊歩道を整備しようというアイデア)積極的に取り組みにかかわるようになっていった」

「木沢住民にとっては当たり前でなんともない山野草や畑づくりの知恵、山の暮らしの知恵に、学生らが感嘆することで、木沢住民は、自分たちの地域のよさや、生活の豊かさを認識していった。いわば『よそ者』の目を通して自分たちのよさを再発見したのである。何も知らない『よそ者』の大学生だったからこそ、木沢の方々は、木沢や山の暮らしについて自慢げに語ったのだった」

木沢の暮らしを見直す

「よそ者の目で地域を再発見しよう」と、多くの地域づくりの現場で語られる。木沢に通う学生たちは、おそらくそう意識はしていなかった。だが、結果的に、新鮮な体験として木沢の暮らしを楽しむ学生たちの存在は、住民にそれまでとはまったく違う人間関係を築かせたのである。

あえて説明などしなかった自然や畑づくりなどの暮らしの技術を説明せざるを得ない状況になり、その話を喜んで聞く学生たちがいた。喜んでくれれば、誰しもうれしい。しかも、孫のような年代の学生たちである。この積み重ねが、後に紹介するような木沢の資源を活かした交流事業につながっていく。

二〇〇六年に木沢に通っていた大学生たちは、卒業後の現在も年に一～二回は訪れる。当時のように一緒に山に行き、酒を酌み交わし、木沢で過ごす時間を楽しんでいる。「支援」や「地域づくり」という考えだけでは、こうは続かないだろう。

フレンドシップ木沢も徐々に動き出す。八月に初めて、自ら「やろう」と決めた活動が生まれる。二子山《ふたごやま》遊歩道の整備である。木沢の集落を見下ろすように立つ二子山には、かつて新潟県が整備した自然遊歩道がある。ところが、中越地震で壊れたまま、復旧されていなかった。当初「いつになったら遊歩道を直すのか」と役場に言っていた住民が、「役場が直さないなら自分たちで直そう」と考えるようになったのである。

整備当日は、フレンドシップ木沢の会合には参加しない住民も参加した。この活動が大きなターニングポイントであったことは間違いない。学生が来て集落が賑わっていることは認めても、「それが集落のためにどうつながるのか」と斜に構えていた住民の一人は、こう話した。

「オラ考え方変えた。こういう活動ならどんどんやろう」

住民が主体となり、汗をかくことで集落を良くしていける団体として、彼はフレンドシップ木

名誉村民授与交流会。Vサインをしている若者たちが名誉村民だ

沢を捉え直したわけだ。

この遊歩道整備は、現在も着々と進んでいる。復旧自体は二〇〇七年に終了したが、その後も「展望台を造ろう」「見晴しをよくするために、木の枝を切ろう」など、毎年マイナーチェンジを繰り返しているのだ。住民たちはいま、集落に初めて遊びに来た人には必ず二子山を案内している。

フレンドシップ木沢はその後、川口町と市民会議が主催した防災体験イベントへの協力をきっかけに、地域資源を活かしたさまざまな活動を展開していく。自らの震災体験をもとにした避難体験を行う「防災体験キャンプ」、春の恵みを味わう「山菜ふれ愛ツアー」、除雪技術のボランティアへの伝承を目的とした「越後雪かき道場」の受け入れなどだ。

その間、新潟県内外の大学生が途切れるこ

となく訪れ、盆踊りや運動会などの集落行事にも参加している。市民会議を介して、長岡市街地の小さな子どもを持つ母親グループとの交流も生まれた。子ども連れで遊びに来る彼女たちに、木沢の女性が郷土料理を教えるなど、女性同士の交流も行われている。木沢と深いかかわりをもった人たち(おもに大学生)を、フレンドシップ木沢が「木沢名誉村民」として認定し、イベント情報のお知らせを送る仕組みも生まれた。

活動の広がり

冒頭で紹介した二十村郷は、中越地震の中心的な被災地域だ。二〇〇八年八月、二十村郷に属する四集落(木沢、荒谷《あらや》(川口町)、梶金《かじがね》(山古志村)、塩谷《しおだに》(小千谷市))の合同盆踊りが開催された。四集落では震災前から、人口減少によって、盆踊りが輪にならない、太鼓の叩き手がいないなど共通の課題があった。一方で住民たちは、「四〇~五〇年前は、互いの集落の盆踊りを行き来していたんだ」と言う。そこで、各集落の住民と顔見知りとなっていた宮本さんと地域復興支援員が四集落の間を取り持つ交流会を行い、合同盆踊りの開催が決まったのだ。

集落の年寄りは「二十村郷だなんて、なつかしいねぇ」と言い、ふだんはフレンドシップ木沢の活動に出てこない住民も多く参加した。この盆踊りは、四集落で会場を持ち回りしながら継続している。現在の行政区画を超えて昔からのつながりをつなぎ直す、画期的な取り組みである。

二〇〇八年と〇九年の冬はほぼ毎週会議を開き、活動を振り返り、今後の方針を話し合った。

二〇〇八年は、集落の復興をより具体化するために「体験交流事業をとおした定住と永住の促進」という目標を設定する。定住は外部の人が住みたくなる集落づくり、永住は住民たちがいつまでも住み続けられる集落づくりである。二〇〇九年は、目標を達成するためのルールとして「フレンドシップ木沢復興七カ条」をつくった。

「①木沢にしかできないことにこだわる。②木沢らしさを楽しむ。③木沢らしさを伝える。④みんなでやる。⑤収入を得られるようにする。⑥何度も木沢に来てくれるように、よその人を温かい気持ちで迎える。⑦適切な情報を発信する」

二〇〇九年には川口町からの提案で、旧小学校を宿泊施設として改修し（国の補助を受けて町が実施）、運営をフレンドシップ木沢が担うことが決まる。そして、二〇一〇年四月に、「木沢体験交流館「朝霧の宿『やまぼうし』」（以下、やまぼうし）としてオープンした（やまぼうしは集落に自生する木の名前）。すでに学生を迎え入れて多くの交流事業を行っていたし、法末へも数回にわたって視察していたので、多少の不慣れはあったものの、指定管理者として立派に運営している。

計画策定と「木沢らしさ」の追求

フレンドシップ木沢は、二〇〇九年五月～二〇一一年三月まで、復興基金の「地域復興デザイン策定支援事業」を導入し、目標達成のための具体的な復興計画を検討していく。広告代理店に復興計画策定のコンサルタントを依頼し、住民の想いを形にしていったのである。この計画策定から、次の三つのプロジェクトが生まれた。

①やまぼうしプロジェクト

やまぼうしの周辺整備（やまぼうしの木の植樹、看板整備、歩道の整備など）を行い、集落のシンボル施設とする。

②山と虹プロジェクト

二子山に展望台や森林浴広場を整備し、歩いて楽しいスポットにする。

③道プロジェクト

花の植栽やシャッターアート（車庫のシャッターに木沢の四季を描く）で、集落をよりきれいにする。

やまぼうしを外部との交流の拠点施設として位置づけ、「地域復興デザイン策定先導支援事業」を活用して、資金が必要な二子山の整備などをさらに進め、プロジェクトメンバーでその活用を工夫している。やまぼうしや集落を紹介するパンフレットやウェブサイトの制作など、外部向けのプロモーションツールもそろえた。

これらの取り組みと並行して、「木沢らしさ」を追求する取り組みが二〇一〇年一月からスタートする。宮本さんと（公財）山の暮らし再生機構の地域復興支援員（以下、支援員）の脇田妙子さん（現・長岡大学職員）の仲介で、地元学ネットワークを主宰する吉本哲郎《てつろう》さんが木沢を訪れた。宮本さんと脇田さんが、吉本さんの「ないものねだりより、あるもの探し」という「地元学」のコンセプトが木沢の役に立つのではないかと考えたからである。

脇田さんは愛知県の出身。川口町が気に入って移住してきたが、「こんな何もないところに、よく来たな」と言われたという。彼女には、住民たちが「もっと自らの地域について語れるようになってほしい」という想いがあった。そこで、吉本さんと各家庭を訪問。雪国の暮らしぶりや、こしき（スコップが普及する以前に使われていた木製の除雪道具）の使い方など、さまざまな地域の「あるもの」を探し、模造紙にまとめた。

その後も脇田さんは、学生と一緒に住民の家を訪ねて話を聞く取り組みを続けていく。住民だからといって、木沢について何でも知っているわけではない。学生がインタビューして聞き出す話を、住民自身も聞いて学んだ。脇田さんは、その成果をこう話している。

「木沢の皆さんは、外から来た人たちを一時間でも二時間でも案内できるようになりました」

住民たちの幸福度調査

こうして木沢では、世帯数や人口の減少、高齢化率の上昇にもかかわらず、集落の将来を過度に悲観する姿はない。フレンドシップ木沢の活動は、住民自身が木沢での暮らしを楽しみ、ともに楽しむ大学生をはじめとする外部者や近隣集落とのつながりを生んだ。二〇〇八〜〇九年にフレンドシップ木沢の会長を務めた星野秀雄さんが、多くの人とのつながりが集落へ与えた影響を端的に表現している。

「地震前、おれは孤独だった。だけど、いまは孤独じゃない。これが復興だ」

ここで、木沢の状況を客観的に把握するために「木沢住民の生活変容調査」を紹介したい。宮本さんと関西大学の草郷孝好教授が二〇一〇～一三年に調査した、住民たちの生活実感である。そこでは、注目すべき点がいくつもある。以下の数値は、二〇一〇年に行った一回目の調査データ（対象人数四七名）だ（小数点以下は四捨五入）。

①質問「あなたは現在幸せですか？（一〇点満点）」

平均は七点。三点以下は〇で、極端に幸福度の低い人がいない。内閣府が行う「国民生活選好度調査」（二〇〇九年）では、同様の質問に対して八％が三点以下である。

②質問「幸福感を判断する際に、重視した事項はなんですか？」

友人関係が五九％、地域コミュニティが四四％。内閣府の調査ではそれぞれ三九％と一〇％で、地域コミュニティを重視する割合は四倍以上にもなる。

③質問「あなたは現在の生活に満足していますか（一〇点満点）

自然の豊かさが九点、食べ物、家庭内の人間関係が八点、住居、地区の人間関係が七点、老後の世話、所得・収入、健康が六点。居住環境や人間関係の満足度が高い一方、老後への不安は小さくない。

④質問「つきあいの幅」と「信頼の度合い」

「交流の有無」について、住民が九八％、木沢を出た人が七九％、近隣集落の人が六五％、大学生、支援員が五五%。支援員や大学生の数値も高い。「頼りになる人」については家族や隣近所、区の役員が高いのは当然だが、フレンドシップ木沢や村を訪れる大学生も三〇%以上である。

この結果から、木沢の環境に対しての満足度が高い一方で、自らや家族の老後には不安をかかえていることがわかる。また、集落を訪れる大学生の存在感は思いのほか大きいと言えるだろう。

図9　幸福度と生活満足度の世代別の推移

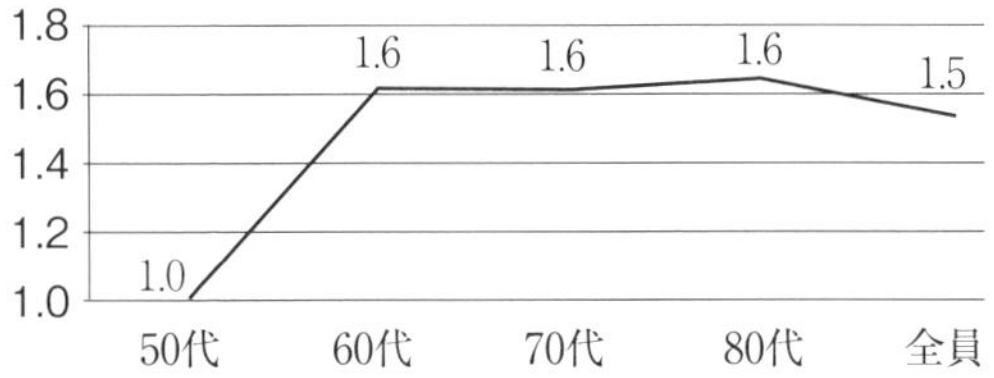

（出典）草郷孝好・宮本匠「木沢地区の生活変容調査の報告（2010年から2013年まで）」2013年。

二〇一三年に行った三回目の調査（対象人数五〇名）で宮本さんと草郷さんが注目したのは、幸福度と生活満足度の世代別推移だ。図9は、五〇代を一・〇としたときの六〇代以上の数値である。

五〇代の幸福度・生活満足度は、上の世代に比べてかなり低い。これから集落を担っていかなければいけない年代に不安が高いのだ。これは、木沢の暮らしが大きな岐路に立たされている証拠ではないだろうか。図10を見てわかるように、五〇歳未満の世代はきわめて少ない。彼らが高齢になったときに集落を引き継ぐ人たちがほとんどいない。

この五〇代の将来への不安は、木沢の一〇年先、二〇年先を見すえた取り組みの必要性を示している。フレンドシップ木沢は、地域

図10　木沢集落の年齢構成(2010年)

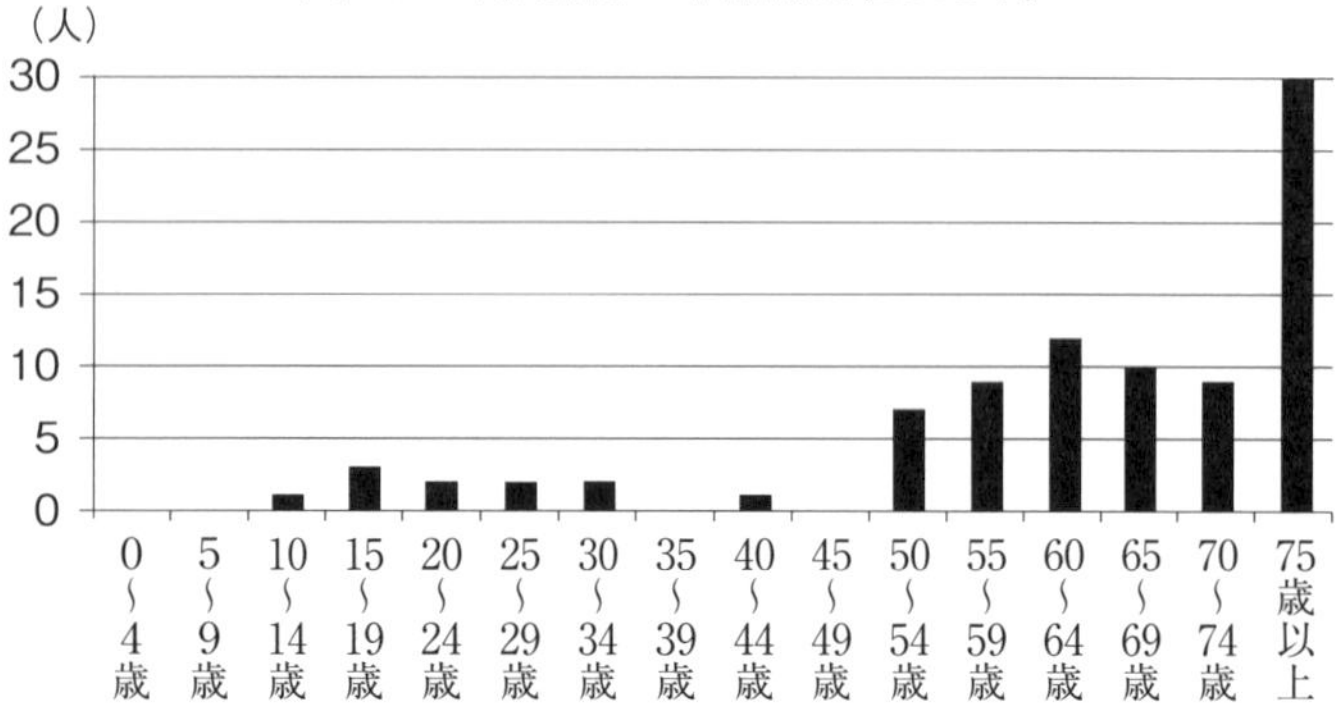

資源を活かした体験交流を通じて、木沢の魅力や価値を住民自身に再認識させるとともに、集落外に伝えてきた。しかし、将来を考えると、増える高齢者を支え、若い世代も安心して暮らせる環境づくりが求められている。これまでは、集落の価値を高める「攻め」の活動であった。今後は、暮らしやすい環境をつくる「守り」の活動も必要である。

高齢者の除雪支援がテーマの新たな話し合いの場の意義

二〇一三年一二月、木沢で高齢者の除雪支援についての話し合いが行われた。屋根の雪下ろしや周囲の除雪への支援が必要な世帯が五世帯あり、今後も増加が予想されているからだ。高齢者世帯を支えていかなければいけないのは、五〇代の男性たちである。木沢で暮らし続けるためには、除雪対策を避けては通れない。

話し合いの場を準備したのは、二〇一三年四月からインターンシップ生として木沢に住み、農作業やフレンドシップ木沢の活動を手伝ってきた高橋要《かなめ》さん（一九八八年生まれ）だ。

髙橋さんは、上越教育大学の大学院在学中に担当教諭が行う調査に同行したことをきっかけに、木沢をたびたび訪れていた。活動を支えるインターンシップ生（一年間）を募集していたフレンドシップ木沢が声をかけたのだ。髙橋さんは大学院を卒業し、教員試験に向けて勉強する予定であったが、誘いに応じ、木沢で生活しながら試験にのぞむ選択をする。

そして、五〇代の住民の不安が高まっているという調査結果を受け、五〇〜六〇代と暮らしの課題について話し合えればと考えた（三〇代の若者や大学生ボランティア、NPO法人くらしサポート越後川口のスタッフ・理事なども参加）。週末の夜に髙橋さんが作る鍋料理を囲み、酒を飲みながら話し合うので、「かなめ鍋」と呼ばれた。冬に四回開き、髙橋さんが集落の民生委員や支援員と相談しながら進行。現状把握、除雪支援の手当て、集落外の支援者も含めた人員確保の仕組みについて考えていった。

この話し合いは、髙橋さんがインターンシップを終えた後も、民生委員と支援員が呼びかけ人となって続いている。協力する住民や社会福祉協議会の職員も参加し、実践プランを検討中である。

この事例は、今後の木沢の課題解決に向けた取り組みの方向性を考えるうえで大きなヒントとなる。「かなめ鍋」は木沢集落にとって、若手と呼ばれる五〇〜六〇代が中心となって生活課題に向き合う初めての機会であった。その意味で、話し合い自体に非常に価値があったと言ってよいだろう。住民からも「この会を開いてくれたことに感謝する」という声が聞かれた。

いつも盛り上がるかなめ鍋。右から３人目が髙橋要さん

開催されるプロセスや話し合いの方法に関しても、示唆に富む。そのポイントを確認しよう。

第一は、始まったきっかけが外部者の髙橋さんであったことだ。誰もが高齢者世帯の除雪支援の必要性は感じていたが、「みんなで対策を考えよう」と呼びかける人はいなかった。なぜなら、集落では自らが与えられた立場を超えた発言は難しい。たとえば、民生委員を差し置いて高齢者の問題は提起できない。また、問題提起によって集落に新しい仕事をつくるという責任を負い続けなければならない。外部者が呼びかけ人になったからこそ、話し合いの場がつくられたのである。

第二は、話し合いの場づくりだ。集落の課題は、毎年の集落の代表者である役員が毎月一回集まって開かれる区の役員会議で話し合われる。一方、「かなめ鍋」は集落の役員以外も含む若手世代が中心で、鍋料理を囲み、酒を飲みながら話す場である。しかも、支援員や大学生ボランティア、ＮＰＯなどの外部者が参加している。だからこそ、議論が活性化する。支援員から他集落の事例が紹介され、ボランティアからは具体的な質問が出る。ＮＰＯからは、外部ボランティアの活用や寄付金集めなどのアイデアが提供がされる。「かなめ鍋」が有意義な形で進められたのは、外部者の関与によるきっかけづくりと話し合いの場づくりがあったからだ。これは、フレンドシップ木沢が取り組んできた復興の取り組み、つまり「攻め」の活動の進め方に似ている。

フレンドシップ木沢の場合も、話し合いの最初のきっかけをつくったのは、町役場職員や市民会議という外部者である。そして、会議にはいつもボランティアや支援員などが参加している。それによって、酒は飲まないものの、ワークショップなど住民みんなが発言しやすい環境づくりが行われた。また、宮本さんらによって、話し合いや活動を活性化する外部者（大学生ボランティア、大学教員、近隣集落住民など）がたびたび木沢に招かれた。

つまり、「攻め」と「守り」という取り組む課題の質は違っても、外部者の上手な関与によって、話し合いや活動が活発化する。これまでの復興の取り組みは、今後の「守り」の活動にも活かすことができるのである。

〈阿部　巧〉

状況は違っても、復興主体が地域住民であることに変わりはない。復興現場で住民に継続的に寄り添い、一緒に小さな成功体験を重ねていくことで、住民と支援員との信頼関係が成立する。さらに、住民の主体性が生まれ、彼らと支援員が一体となって復興に取り組む様子が、各地で見受けられた。このように寄り添いをとおして、地域が本来持つ復元力(住民自らで復興していこうとする力)を引き出すことこそが、支援員の本質的な役割である。

一方で、「寄り添う活動」は成果を測りづらい側面がある。住民意識の変化があったとしても、その変化がコミュニティ全体にどのような影響を及ぼしているか、復興がどこまで進んだのかを明確に示すことは難しい。このため、着実に役割を果たせているにもかかわらず実感が持てず、自身の活動に必要以上に悩む支援員も多い。それは、活動にかかわる行政職員やNPO関係者にも共通する。こうした状況を受けて、行政担当者情報交換会や復興支援員研修などが行われ、活動エリアを越えて状況を共有し、成果や悩みを共感する機会となっている。

東日本大震災から4年目を迎え、住宅再建や復興公営住宅の建設が進み、仮設住宅から再建した自宅へ生活の場の移行が本格化している。復興を契機とした地域の持続可能性の獲得、震災前からの社会課題の克服など、中越の復興経験が生きるのはむしろこれからだ。

東北の支援員にとっては、そうした社会課題にともに立ち向かう際、震災直後から築き上げてきた地域との信頼関係、そして少し先を走り続けている中越の背中は、何よりの強みとなる。復興支援員制度そのものも、未曽有の大災害からの復興をとおし、さらに進化を遂げていくだろう。中越発の地域再生の一つの方法論として、ぜひ今後の動向に注目いただきたい。　〈石塚直樹〉

コラム2 東北における復興支援員の現在

若手や女性が多い

東日本大震災からの復興現場で、中越地震の経験が活かされた施策の一つに、総務省が 2011 年度に創設した「復興支援員制度」がある。目的は、被災者の見守りやケア、地域おこし活動の支援など「復興に伴う地域協力活動」を通じた、被災地域のコミュニティの再構築だ。中越地震からの復興施策として取り組まれてきた「地域復興支援員」制度と、人口減少や高齢化の進行が著しい地方において地域力の維持・強化施策の一環として取り組まれてきた「地域おこし協力隊」制度(総務省)が参考とされた。

2014 年現在、岩手・宮城・福島の 3 県を中心に、約 200 名の復興支援員(以下、支援員)が活動している。対象地域の被災状況や自治体が定める復興の方向性など地域ごとに異なるニーズに応じて組み立てられているため、内容は多岐にわたる。一例として、応急仮設住宅や借り上げ仮設住宅の支援、コミュニティ再生の支援、産業・生業・商店街・観光再生の支援などがあげられる。

担い手は女性が若干多く、年代では 20〜30 代が多い傾向にある。委嘱前から地域内に居住していた地域住民と、支援員着任やそれ以前のボランティアや復興支援活動をきっかけに地域外から I ターン・U ターンした若手が、ほぼ半分ずつだ。これまで地域やコミュニティへのかかわりが比較的少なかった地元の女性や若者が、震災を機に外部から訪れた若者とともに、地域コミュニティの再生に取り組んでいることがわかる。

「寄り添う」姿勢

支援員の活動の共通点として、地区やプロジェクトにかかわらず「寄り添う」姿勢が貫かれている。これは、阪神・淡路大震災や中越地震など過去の震災復興で活躍した支援者と変わらない。被災の

4 震災前からの積み重ね——長岡市(旧小国町)法末集落

震災復興のトップランナー

法末《ほうすえ》集落は、二〇〇五年に長岡市と合併した小国町の東端にあり、小千谷市に接している。中心部からは車で約一五分だ。旧小国町のなかでも、人口減少と高齢化のスピードは速い。一九六〇年の一〇三世帯、人口五七七人から、二〇〇四年一〇月には五三世帯、一一九人にまで、減少している(中越地震から三年後の二〇〇七年は、四三世帯、八九人)。

集落全体が地すべり防止区域に指定されており、中越地震では甚大な被害を受けた。集落につながる道路はすべて崩落し、孤立。全世帯に避難勧告が発令された。住宅被害は、全壊一六戸、大規模半壊九戸、半壊二二戸。四六戸が仮設住宅(車で約一五分の旧小国町七日町《なのかまち》)に入居し(残り七戸は親戚・知人を頼った)、半年から二年程度の避難生活を送ることになる。

だが、法末集落は、多くの被災集落のなかで「トップランナー」と呼ばれるスピードで、復旧・復興への取り組みを進めてきた。それは、二〇年以上にわたる暮らしを守る地域づくりの経験から、住民の間で「ここで暮らすために必要なこと」が共有され、そのための体制が整備されていたからである。それを明確に示すのが、「法末自然の家『やまびこ』」(以下、やまびこ)と田んぼの復旧に関するエピソードだ。

元気の源やまびこの復活と田んぼ復旧への熱意

震災から八カ月が過ぎた二〇〇五年六月、集落住民が入居する仮設住宅の集会所で、市民会議が呼びかけた移動井戸端会議が開催された。参加した住民は約一〇名。復旧の目途が立たない道路や農地の問題が語られると同時に、やまびこが集落の元気の源であると、当時の法末振興組合長の大橋昭司《しょうじ》さん（一九三七年生まれ）が話した。

「法末には、廃校を改修したやまびこという民宿がある。ここに都会の小学生たちが来て、女性が料理を提供する。集落の活性化には欠かせない場所なんだ」

やまびこは、一九八七年に廃校となった小学校を九〇年に改修した、子どもたち向けの自然教室を行う宿泊施設である。小国町（合併後は長岡市）が所有し、集落住民で組織された法末振興組合（以下、振興組合）が運営を担う。小国町の友好都市である東京都武蔵野市の親子を対象とした田植え、ホタル観賞、稲刈りツアーを中心に、関東近郊・隣県からの親子連れ、小国町住民の同窓会や各種会合など、毎年一五〇〇人程度が訪れてきた。調理師として働いた経験を持つ男性の料理長を中心に、集落の女性の手による山菜をはじめとした郷土料理が提供され、男性は子どもたちに田植え・稲刈り、昆虫採集、縄仕事などを教える。

だが、震災で水まわりを中心に大きな被害を受け、二〇〇五年四月、住民たちは長岡市に「年内(一二月)にはオープンしたいから、それまでに直してほしい」と要望書を出していた。武蔵野市民からも長岡市へ、「また、やまびこに行きたい」という想いが手紙で届いていたという。やまびこを中核に据えた集落復興の取り組みを加速するため、七月には市民会議の提案で、ボランティアも交えた「法末宝探し」が行われた。九～一〇月には、今後の法末について語り合う三回の集会も開催された。

やまびこの料理長は「再開されたときのために、四月には山菜を集め出していた」と話す。料理に欠かせない山菜は毎年春に採取し、冷凍保存して年間通じて提供されていた。いつ復旧できるかわからない状況でも、再開を信じ、お客さんを迎え入れる準備を始めていたのである。

こうした住民や常連客の強い想いがあって、集落に通じる道も完全復旧していない二〇〇五年一一月に、やまびこの復旧は完了する。そして一二月一七日、帰郷した住民やボランティアに加えて、仮設住宅で暮らす住民も集まり、約一〇〇人でやまびこ復活が祝われた。

住民にとっては、先祖伝来の田んぼを守っていくことも、やまびこの復活と同様の共通認識である。多くの集落が翌年春まで復旧を待ったが、法末は違った。避難所で役員が集まり、「雪降りまでに道だけでも直そう」と、震災から一カ月も経たない時期に集落の営農組合が持っているユンボを使い、できるところから自力で復旧していく。

自力復旧の開始は、住民にとって大きな希望となった。農業をあきらめ、震災後にトラクターを売ったにもかかわらず、再び買い戻した住民もいる。ある住民は、こう言い切った。

「損得の問題じゃなくて、法末にいるには、とにかく田んぼを作らなくちゃいけない。田んぼを作らないなら、法末にいる価値がない」

こうして二〇〇五年の春、営農組合員の田んぼ三〇ヘクタールの三分の二にあたる二〇ヘクタールで、稲作が行われた。

自ら地域の課題を解決する集落活動計画

法末の住民たちに「ここで暮らすために必要なこと」が共有され、そのための体制があった背景には、一九八八年から取り組まれてきた「集落活動計画」事業がある。その趣旨は、次のとおりだ。

「集落が自助自立の精神に基づき地域の現状、課題等を明らかにし、自らこれを解決するための計画を作成することに対し、必要な支援を行う」

集落活動計画事業は、旧小国町と農村生活総合研究センターが連携して法末集落と太郎丸集落をモデルにスタートし、現在まで継続している。これまで旧小国町三三集落すべてで、一度から二度の計画策定が行われた。策定費用として、一回目は二〇万円、二回目は一〇万円の補助がある。また、一回目に限り、策定した計画の実行費用として一〇〇万円が補助される。

農村生活総合研究センターが一九八九年に出した報告書では、この計画の意義を次のように説明している。

「地域づくりは行政主導の小手先の対処療法ではなく、住民主体の息の長い取り組みが求められるが、それは同時に、まず自らの生活あるいは地域を再認識することでもある。(その手法として)できるだけ多くの集落住民とともに、①集落にあるさまざまな資源を再認識する、②集落が現在抱えている問題とその対策を考える、③集落の将来像を描きそれに向けた活動方針を立てる、といった手順で検討していった」

法末の集落活動計画とそれにもとづく取り組みのつながりを、(公財)山の暮らし再生機構の支援員・西沢卓也さんが整理している(図11)。一九八八年に農村生活総合研究センターが行った計画策定を「第一期計画」、九四年に小国町の町事業で行った計画策定を「第二期計画」、震災後の二〇〇六年に策定された計画を「再生計画」と呼ぶ。これらにもとづき展開されたなかから、①やまびこ交流事業、②営農体制、③克雪、④環境美化の四点について説明する。

①やまびこ交流事業

一九八八年に廃校となった法末小学校は、「第一期計画」での集落の話し合いを経て、九〇年にやまびことしてオープンしている。第一期計画の策定時点で、小国町は廃校の活用策として「自然教室事業(文部省)」の取り組みを集落へ提案し、了承されていたが、具体的な事業展開については議論が足りていなかった。

第一期計画では、この自然教室事業への対応がおもな内容となる。計画策定では、話し合いだ

やまびこ自然教室で菜の花を摘む子どもたち

けではなく、「点検歩こう会」という集落資源を探す取り組みが盛り込まれ、集落にある資源を活用した「都市との交流」で集落を活性化し、その核となる施設としてやまびこを活用するというイメージが共有された。続く第二期計画を受け、都市住民（武蔵野市民など）へのグリーンリース事業（田んぼの貸し付け。借りた都市住民は田植え・稲刈りに参加し、収穫したお米を受け取る）の受け入れを始めるなど、都市農村交流の拠点として定着していく。

②営農体制

標高二五〇〜三〇〇メートルの緩傾斜地に棚田が広がる厳しい耕作条件のもとで、この棚田をどう維持していくのかが法末の大きな課題である。第一期計画では、新しい水田農業の確立のために「田植え機・トラクターの

計画と再生計画

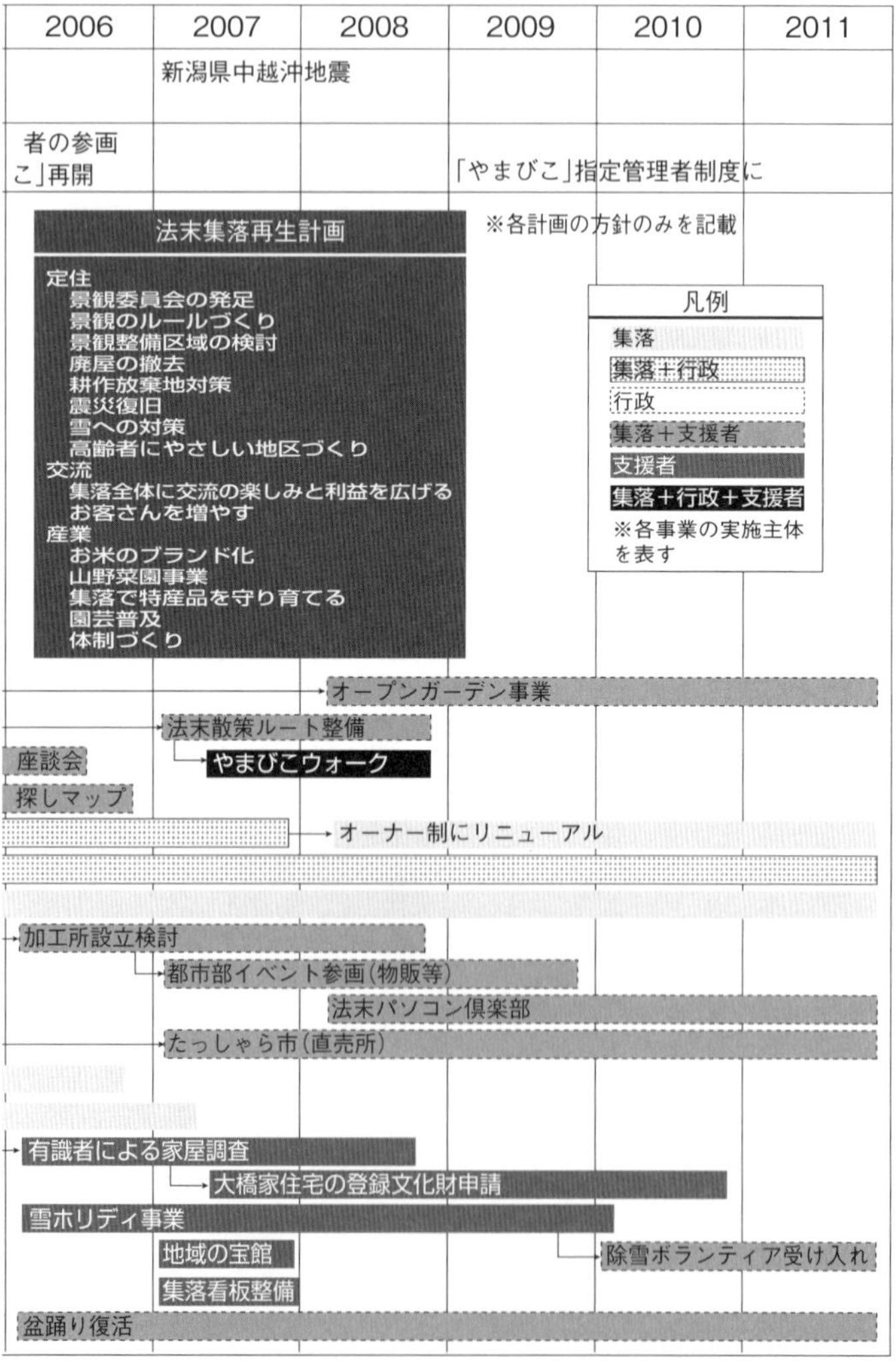
2006
2007
2008
2009
2010
2011
新潟県中越沖地震
者の参画
こ」再開
「やまびこ」指定管理者制度に
法末集落再生計画
※各計画の方針のみを記載
定住
景観委員会の発足
景観のルールづくり
景観整備区域の検討
廃屋の撤去
耕作放棄地対策
震災復旧
雪への対策
高齢者にやさしい地区づくり
交流
集落全体に交流の楽しみと利益を広げる
お客さんを増やす
産業
お米のブランド化
山野菜園事業
集落で特産品を守り育てる
園芸普及
体制づくり
凡例
集落
集落＋行政
行政
集落＋支援者
支援者
集落＋行政＋支援者
※各事業の実施主体を表す
オープンガーデン事業
法末散策ルート整備
やまびこウォーク
座談会
探しマップ
オーナー制にリニューアル
加工所設立検討
都市部イベント参画（物販等）
法末パソコン倶楽部
たっしゃら市（直売所）
有識者による家屋調査
大橋家住宅の登録文化財申請
雪ホリディ事業
地域の宝館
除雪ボランティア受け入れ
集落看板整備
盆踊り復活

長岡市小国町法末集落の計画と実践の歴史－」『日本建築学会学術講演梗概集

図11　法末の集落活動

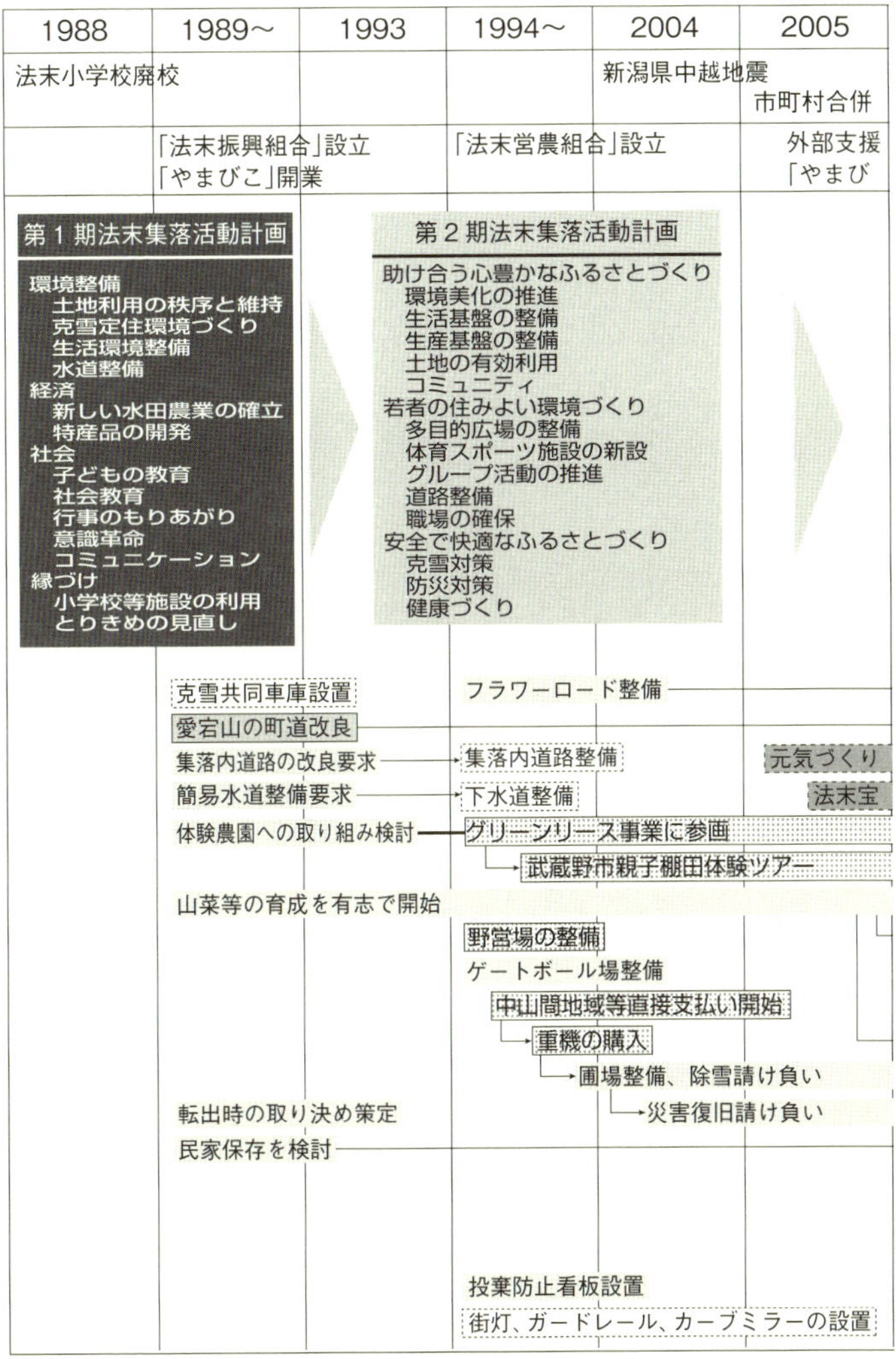
1988
1989～
1993
1994～
2004
2005
法末小学校廃校
新潟県中越地震
市町村合併
「法末振興組合」設立
「やまびこ」開業
「法末営農組合」設立
外部支援
「やまび
第１期法末集落活動計画
環境整備
土地利用の秩序と維持
克雪定住環境づくり
生活環境整備
水道整備
経済
新しい水田農業の確立
特産品の開発
社会
子どもの教育
社会教育
行事のもりあがり
意識革命
コミュニケーション
縁づけ
小学校等施設の利用
とりきめの見直し
第２期法末集落活動計画
助け合う心豊かなふるさとづくり
環境美化の推進
生活基盤の整備
生産基盤の整備
土地の有効利用
コミュニティ
若者の住みよい環境づくり
多目的広場の整備
体育スポーツ施設の新設
グループ活動の推進
道路整備
職場の確保
安全で快適なふるさとづくり
克雪対策
防災対策
健康づくり
克雪共同車庫設置
フラワーロード整備
愛宕山の町道改良
集落内道路の改良要求
集落内道路整備
元気づくり
簡易水道整備要求
下水道整備
法末宝
体験農園への取り組み検討
グリーンリース事業に参画
武蔵野市親子棚田体験ツアー
山菜等の育成を有志で開始
野営場の整備
ゲートボール場整備
中山間地域等直接支払い開始
重機の購入
圃場整備、除雪請け負い
転出時の取り決め策定
災害復旧請け負い
民家保存を検討
投棄防止看板設置
街灯、ガードレール、カーブミラーの設置

（出典）西澤卓也・澤田雅浩「中山間地域における計画策定の役割ー新潟県
2012（農村計画）』2012年。

共同化」を謳っている。しかし、この時点では農業機械は個人所有が当たり前で、買い替えのタイミングも合わず、共同化は実現しなかった。

その後、第二期計画でも引き続き「農業機械の共同化」の推進が確認され、「グリーンリース事業の受け入れ」「営農組織（農業機械共同利用組織）の構築」も加わる。これらはいずれも、第二期計画策定後の一九九四年以降に実現している。

二〇〇〇年からは、「中山間地域等直接支払制度」の活用が始まる。この制度は、平場の広い田んぼに比べて作業効率が悪くコストのかかる棚田などの農地の維持を目的に、五年以上の耕作継続を条件として、農地面積に応じて国が交付金を支払う制度である。交付金を受け取るためには、集落協定を結び、農地を一ヘクタール以上まとめなければならない。支払われる交付金は、個人への配分と、集落共同取組活動として農道などのインフラ整備に使う部分とに、任意の割合で集落が振り分けられる。

法末では、個人には配分せず、一〇〇％を集落共同取組活動に用い、農道の補修と集落住民自らの手で田んぼの圃場整備をするためにユンボを購入するという決断を下している。このユンボは、前述したように震災時に大いに活躍し、行政による災害復旧が始まる前に、住民自らの手による田んぼの復旧につながったのである。

③克雪

毎年の平均積雪が三メートルを超える法末において、克雪（雪の克服）は、生活していくうえでもっとも重要と言っても過言ではない。

第一期計画では、克雪定住環境づくりとして「老人世帯の屋根雪処理を、除雪隊を編成して行う」「スクールバス・患者輸送車待合所の整備」という目標が掲げられた。それを受け、他の集落に先駆けて克雪共同車庫（幹線道路沿いに設ける共同車庫）が町によって設置される。また、新潟県の「冬期集落保安要員事業」（集落内の生活道路や公共施設の除雪要員の手当てを県が二分の一補助）をいち早く取り入れ、町のロータリー車を使って集落内の除雪を住民自ら行える体制を整えた。

第二期計画では、「保安要員補助員の育成」や「重機（ブルドーザー）の購入」が謳われる。重機は中山間地域直接支払制度の交付金を活用して購入した。これらの取り組みによって、行政に頼るだけでなく、集落自らの手で除雪を行う体制ができたのである。

④環境美化

第一期計画では、土地利用の秩序の維持として「民家の保全」や「花壇の整備」などの「集落内景観の保持」が目標として掲げられた。第二期計画でも同様に環境美化の推進が謳われ、集落外からのお客さんを迎え入れるやまびこ周辺に花壇を設置する「フラワーロード事業」が展開される。

①〜④をみると、不利な条件のもとで、集落として定期的に話し合いながら課題を一つひとつ

克服してきたことがよくわかる。このように、集落住民で共有し、実践してきた力が、震災時に大きく発揮されたと言える。

法末たっしゃら会と再生計画

では、これらの計画が震災後の再生計画にどのようにつながっていったのだろうか。

法末では二〇〇六年四月〜〇七年七月に、長岡市の呼びかけで、法末の復興・活性化のための方策を検討して再生計画をまとめる目的で、「法末たっしゃら会」(以下、たっしゃら会)が毎月一回程度開催された。「たっしゃら会」の名前には、「いつまでも達者(元気)に、法末で暮らせるように」という想いがこめられている。

たっしゃら会には、集落住民のほかに、市民会議や首都圏在住の建築や都市計画などの専門家グループ「中越震災復興プランニングエイド」(以下、プランニングエイド)も加わった。プランニングエイドは、中越地域の集落支援を長岡市に申し出たことをきっかけに、二〇〇五年一一月から法末の支援に入る。そして、集落センターを借り、週末に訪れては再生計画策定のためのヒアリング、再生計画の実践事業、農村体験(田んぼ作業など)を行い、再生計画の策定ではコンサルタントとして取りまとめ役を務めた。

再生計画では、おもな取り組みとして、定住、産業、交流という三つの事業が掲げられた。これらは、二〇〇七年四月から復興基金の「地域復興デザイン策定支援事業」で実行計画に落とし込まれ（コンサルタントとしてプランニングエイドが関与）、「地域復興デザイン策定先導支援事業」を活用して実行に移されていく。

①定住――住宅カルテと住宅相談、雪対策、景観を守る仕組みづくり（景観委員会の発足、ルールづくり）

これまでの計画からは、環境美化や道路整備など生活基盤の整備、克雪とのつながりと捉えられる。景観を守る仕組みづくりでは、景観委員会やルールづくりは実現していない。一方、二〇〇九年から、各家庭でサルビアやガーベラなどを育て、外部者に庭を開放する「オープンガーデン事業」が取り組まれた。集落住民によるオープンガーデン実行委員会が組織され、その後は地元大学生によるデジカメ講座も開催され、自らが育てた花や庭を写真に収めて楽しむ活動に展開している。

雪対策では、二〇〇七～〇九年に毎年一回「雪ホリディ」が行われたが、雪を通じた交流イベントなのか、外部の力を借りた除雪支援なのか目的が曖昧で、定着しなかった。二〇一〇年からは、高齢世帯の除雪支援を目的とした、新潟県の事業「除雪ボランティア『スコップ』」の受け入れが始まる。新潟県がボランティアを募集し、市町村の社会福祉協議会と集落が支援対象家庭を選定して除雪支援を行う仕組みで、現在まで継続している。

②産業――お米対策、山菜リース、特産品開発（かぐら南蛮、にじます養殖など）

かぐら南蛮の加工品などさまざまなアイデアが話し合われ、試作品も作られたが、生産体制も販路開拓もできず、取り組みは進まなかった。

③交流――母子山遊び体験（人を連れてくる仕組み）、地域内の施設整備（足湯、ホタルの川、コウモリの館、地域の宝館、集落案内看板、天体観測所）、各種ルート整備、やまびこでの交流

やまびこの利用客が法末を楽しむための各種施設整備が中心。大橋さんが温めていたアイデアが多く盛り込まれた。やまびこを運営する振興組合と大学生のボランティアが中心となって整備を行い、二〇〇八年度いっぱいで完了する。復興した地域を多くの人に見てもらおうと、二〇〇七年一〇月に長岡市が主催した「小国やまびこウォーク」（法末集落内をコースとしたウォーキングイベント。四四二人参加）は、これらの施設のお披露目にもなった。

再生計画が集落内に浸透しなかった理由

再生計画で提案された事業は、定住に関しては実践のなかで形を変えながら定着した事業がいくつかあるものの、産業では定着した事業は皆無だ。一方、交流では、多くはハード整備事業として完了している。

再生計画のプロセスに関して、二〇一三年に千葉大学の藤井彰俊さんが、集落住民にアンケートとヒアリングを行ってまとめた論文がある（「二〇一三年度国立大学法人千葉大学卒業研究発表会［園芸学部緑地環境学科］要旨集）。この調査では、法末たっしゃら会の委員など利害関係者を除く集落住民のうち二三名を対象に、再生計画の認知度を調査している。結果は、「知っている、内

容も知っている」は〇名、「知っている、内容も多少知っている」が六名にすぎなかった。なぜ、再生計画は集落に浸透せず、定着しない活動も多かったのか。その理由は、以下の四点が考えられる。

第一は、再生計画の話し合いの場であるたっしゃら会はコンサルタントが主導した形で進められたからである。図11を見てわかるように、事業の実行主体に「支援者」(コンサルタント)「集落＋支援者」(コンサルタント)が多い。コンサルタントの主導によって、集落の身の丈を超えたアイデアや腑に落ち切らなかった取り組みが多かったと考えられる。

第二は、合意形成のルールである。藤井さんは「行政やコンサルタントは『法末たっしゃら会』を合意形成の場と捉えていたが、集落住民にとっての合意形成の場は『集落の総会』のみという食い違いが起きていた」と指摘している。

第三は、これまでの集落活動計画策定時と集落の世帯・人口が大きく違うことである。第一期計画が行われた一九九〇年は、六〇世帯、一九〇人が集落にいた。しかし、再生計画が策定された二〇〇七年は四三世帯、八九人。世帯数は七二％、人口は四七％となっている。第一期計画当時と同様のパワーを集落に求めることは酷である。

第四に、集落活動計画策定時の課題は、誰の目から見てもわかりやすい生活環境や営農環境の条件不利性に対する格差是正が主であった。それでも、人口の減少は止まらなかった。それを前提に、集落の将来を構想しなければいけないという難しい局面に来ているのだ。

復興をともに歩んだ若者

今後の法末の取り組みをどう進めればいいのか？　外部の支援者はどのようにかかわるべきなのか？　震災後、法末とともに歩んできた一人の若者の取り組みから、そのヒントを探してみよう。その若者とは、二〇〇八年四月に支援員となった西沢卓也さんである。

西沢さんは、震災が起こった年、長岡市にある長岡造形大学の一年生だった。法末と出会うまで、大学で日本家屋の設計を学びながら、アルバイトにいそしむ日々を過ごしていたという。法末とのかかわりは、二〇〇六年に大学が法末の震災後の家屋調査を行う際に、西沢さんに協力を依頼したことが始まりである。再生計画を策定するために、たっしゃら会の会合を重ねていたころだ。

西沢さんは家屋調査で各家をまわったとき、振興組合長の大橋さんから「造形大の学生なら、これを使ってやまびこの照明を作れないか」と、田植え用の型枠（稲をまっすぐ植えるために、転がして田んぼに筋をつける六角柱の木製道具）を渡される。そのリクエストに応えるために、大学の友人と法末に何度も通い、アイデアを出し合い、半年がかりで制作した。西沢さんはこれをきっかけに、長岡造形大生が一緒に地域づくりに取り組む団体を立ち上げようと考え、「造景衆」というサークルを結成する。

再生計画の事業が具体化されるにつれ、集落から交流に関する各種整備事業への協力依頼が西沢さんに持ち込まれるようになった。なかでも最大のプロジェクトが「ホタルの川づくり」であ

ホタルの川づくり（４人の後ろの農業用水路）に
取り組んだ大学生たち（左から２番目が西沢さん）

る。大橋さんが「やまびこに来た子どもたちにホタルを見せてあげたい」と、場所をイメージしていた。二〇〇メートルほどの区間の農業用水路に、ホタルの幼虫が育つように水流を弱めかつ湿気を保つために砂利や瓦の破片を入れ、農道の水が染み出ている部分を補修して歩きやすい道を整備する事業である。

西沢さんは造形衆の仲間たちと準備を進め、二〇〇七年五月に作業イベントを開催した。当日は新潟県内の他大学の学生も参加し、住民や大学生合わせて一〇〇人近くで、用水路と農道を整備した。西沢さんはこのときを振り返って言う。

「集落から期待されることがうれしかったたし、何よりみんなで法末合宿をしたりして、大学の仲間と一つのことに取り組むのが楽しかった」

その後も、卒業研究を法末の家屋調査にするなど、集落との関係は続いた。

本当に必要な支援とは何か

二〇〇七年秋に支援員が復興基金でメニュー化され、二〇〇八年四月から旧小国町を担当する支援員が二名配置されることが決まった。この決定を受け、長岡市小国支所の職員から西沢さんに「支援員として一緒に働かないか」と声がかかる。西沢さんは「集落をなぜ残さなければいけないのか考え続けたい」という想いから、支援員になることを決断した。それには、西沢さんが小国町の北に隣接する旧越路町《こしじまち》（現長岡市）の農村集落出身であった経歴も大きく影響しているという。

二〇〇八年四月に法末では再生計画の策定が終わり、実践もなかばまで来ていた。西沢さんは、この年予定されていた天体観測所の新設（車庫を利用して天体望遠鏡を設置する）、二〇〇七年に整備した足湯施設の拡充、二〇〇八年一一月に開催した復興感謝祭の準備などを、集落の人たちと行った。こうしたなかで、西沢さんに変化が生まれていく。

「学生時代は、一つのプロジェクトの遂行だけを考え、頼まれる仕事に何の疑いもなく取り組んでいた。でも、支援員になってからは、自らの役割について深く考えるようになった」

それは、再生計画で掲げられた事業（定着しなかった事業）に集落住民の実体験（実感）が伴わないアイデアもあり、住民の多くが腑に落ちないまま取り組んでいるのではないかと感じたからである。西沢さんは改めて、大橋さんからそれぞれの取り組みの背景にある集落の想いを聞いた。

「やまびこが活性化すれば、外からのお客さんが来て集落に賑わいをつくり、住民が働く場にもなる。ここで、みんなが生きがいを持って暮らすことができる」

「田んぼができるから、法末の風景が守られ、住民みんなが活き活きと暮らせる」

「除雪体制があるから、冬も安心して生活し、人生最後まで法末で暮らすことができる」

西沢さんは、法末がこのような暮らしを一つひとつみんなで力を合わせてつくってきたことを実感したという。

ここで、再生計画の本当の課題とは何だったのかを考えてみたい。法末には、二〇年以上にわたって集落づくりを進めてきた経験と、その経験に裏付けられた課題を解決していく力がある。「何をすればいいかわからない」「自分たちは汗をかく気はない」という集落ではない。ただし、人口減少や高齢化によってその力は徐々に弱まり、格差是正を超えた集落の将来像を描かなければならない。したがって、「これまでの経験」を活かしながら、「集落の状況変化」に合わせた取り組みが必要である。

再生計画では、これまで積み上げてきた取り組みとは異なり、身の丈を大きく超えた事業が多く、しかもコンサルタントなどによって担われていた。だから、集落の力を活かすことができなかっただけでなく、住民にとってどこか他人事になってしまったのではないだろうか。

西沢さんは法末との付き合いで、集落の話し合いをベースとした「集落の意志の尊重」と、その意志に対する支え方を学んだという。つまり、集落が考える「いまやるべきこと」や「物ごとを進めるペース」を最大限に尊重する。そして、人口減少や高齢化による集落の実行力が弱まったところや、住民が苦手としている部分を補う。これが外部支援者に求められていることだと考えた。

住民が苦手としている部分は、書類の作成、外部情報（たとえば、他集落の取り組み事例、政策動向、助成金・補助金情報など）の収集・提供、外部支援者をつなぐための調整などである。そこで西沢さんは、法末で住民と日常的にコミュニケーションを取りながら、住民向けのパソコン教室、オープンガーデン事業におけるデジカメ講座、インターンシップ生（お試し移住・研修生）の受入調整、表彰事業への応募などを行っている。

法末の住民に「いまの集落の課題は？」と問えば、後継ぎ問題や高齢化だと答える。実際に、さまざまな取り組みのマンパワーは昔に比べれば減っている。だが、長年の都市との生の交流を進めてきた大橋さんは言う。

「都会で子育てなんてできないだろう。法末だったらいいぞ」

大橋さんのこの言葉は、「これまでもやってきたように、これからも、みんなで力を合わせて集落づくりを進めていけば、後継者は必ず現れるだろう」という自信に裏付けられている。

事実、法末には震災以降、四組の世帯が移住した。定年退職後の田舎暮らしを求め、空き家を探す過程で住民との交流が生まれた方、障がいがあり、のどかな農村を求めて来た方などだ。いずれも法末に来た理由を、「住民が親身に付き合いをしてくれる」「除雪などの慣れない仕事を住民が助けてくれる」と話す。住民の人柄や助け合う人間関係に惹かれているのである。

また、市役所を退職後にやまびこの管理者の後継ぎとして戻ってきた方や、冬期保安要員の担い手として集落に通ううちに実家へ戻ってきた方もいる。大橋さんの自信は、絵空事ではない。現実となってきている。

法末の事例から、長年の集落での話し合いの積み重ねと実践が、将来に対して悲観せず前向きな取り組みをしていく原動力となっていることがわかった。こうした集落でも人口減少が進む近年、外部支援者による集落活動の支え方という面からも大きな示唆を与えるであろう。

〈阿部　巧〉

5 超進化する村人——小千谷市若栃集落

若栃《わかとち》集落はいま、超進化を遂げている。大学生との交流に始まり、都会の中学生、さらに言葉が通じない外国人研修生とも交流している。二〇一〇年には農家民宿「おっこの木」が開業し、Uターンする若者も現れた。超進化の裏側には、明確な集落のビジョンと行動計画がある。しかし、それだけでは、地域づくりは進まない。超進化の本質は、若栃集落の「他者を受け入れる力」ではないだろうか。それが、人を惹きつけ、コトを起こしていく。

震災がもたらした不安感

若栃集落は三九世帯、人口一三三人(二〇〇九年四月)。小千谷市の市街地から南へ約一〇㎞に位置する、標高約一五〇メートルの山あいの集落である。冬には三メートル以上の雪が積もる豪雪地域だ。ほとんどが兼業農家で、棚田の耕作には山からの湧水を利用する。集落のコミュニティは強固で、会えば挨拶を交わし、日々助け合いながら、山里の暮らしを営んでいる。二〇〇九年時点での高齢化率は四二・九%で、周囲に比べると比較的低い。とはいえ、小学校が中越地震の翌年四月に閉校となり、過疎化と高齢化が徐々に進んでいる。

中越地震の震度は六強。一〇月二四日から一一月三日までの一一日間、当時の若栃小学校や集会所で避難生活を送った。避難中も、男性たちが裏山から引く簡易水道を応急処理し、道路の復旧作業を進めていく。消防団員は集落内の巡回を繰り返し、女性は自宅や畑から野菜を持ち寄って温かい汁を作るなど、それぞれの立場で避難所生活を支えた。しかも、病気のお年寄りや持病がある人にはおかゆ中心にするなど、きめ細やかな対応である。

小千谷市内の避難所を巡回している保健師から、「ここの避難所は他と比べて楽しそうだね」と言われたそうだ。行政に頼りすぎず、住民が団結し、一人ひとりが集落のために働く意識を持ち、行動していた。これが超進化の土台なのかもしれない。

もっとも、震災の被害は甚大で、全壊四世帯、大規模半壊四世帯、半壊一六世帯、棚田はほぼ壊滅状態となった。住民たちは、「果たして、この地で生活し続けられるだろうか」と不安を抱き、集落に元気がなくなり始める。若栃小学校の閉校が、それに拍車をかけた。

「他者を受け入れる力」を高めた二つの出来事

そんな状況下の集落に、転機が訪れる。二〇〇五年四月、ＮＨＫの取材陣がやってきたのだ。目的は、震災の被害が大きかった集落が復旧する際に、どのような生き様を選択していくのか。以後、数カ月間にわたって密着取材を受けることになる。

それまで、外部の人を受け入れ慣れていない。当初は、「本当に田んぼが復旧できるのだろうか？」という不安も重なり、カメラから逃げ回っていた。しかし、六月ごろにはカメラに慣れてきて、徐々に取材陣を受け入れだす。最後は、集まっては夜な夜な語り合い、酒を酌み交わすまでになった。この取材が、若栃の「他者を受け入れる力」を開花させる原点である。

二〇〇五年一〇月には、集落を「なんとかしたい」と思った五〇代の住民が有志を集め、話し合いを始めた。これが、二〇〇六年二月のわかとち未来会議（以下、未来会議）の結成につながる。話し合いの結果、廃校になった若栃小学校を民宿として改修し、グリーンツーリズムを推進して交流人口を増やすとともに、特産品を開発して集落を活性化させようという意見がまとまった。しかし、廃校活用の先進地に視察に訪れるなかで、改修費や維持管理面で採算が合わないことが判明。継続的な運営の見通しは立てられなかった。

やがて、再び集落の転機となる出来事が起こる。二〇〇六年八月の早稲田大学の授業の受け入れである。正式名称は、「早稲田大学・NPO法人ふるさと回帰支援センター連携講座」。都市と農村関係論を学ぶ学生一八名が訪れるというのだ。当初は「赤の他人を自宅に泊めるなんて、とんでもない」と反対する住民もいたが、「一度くらいは何とかしてくんねえか」と、未来会議の代表である細金剛《ほそかねつよし》さん（一九五二年生まれ、農業）が説き伏せた。学生たちは民泊しながら、震災の話や生業などの物語を聞いて回る。

この民泊は、集落の「他者を受け入れる力」をさらに高めていく。終了後に実施した集落の振り返りでは、こんな声があがったという。

「新しい風が若栃に小さな成功体験をもたらし、いい顔にしてくれた」

「もっとたくさんの人と、次もやってみたい」

学生側も「棚田の手入れなど、手間をかけることの意味がわかった」と話し、なかには「運命が自分にプレゼントしてくれた、一生に一度の代替え不可能な経験だった」と語る学生もいた。この学生は後に、長岡市栃尾の祖父母のもとで農業を始める。集落との出会いが人生を変えたのだ。

授業の受け入れは、その後の教育体験旅行、グリーンツーリズム、ＪＩＣＡ（国際協力事業団）の研修、東日本大震災の被災者の受け入れなどにつながる基礎をつくった。もちろん、早稲田大学の学生とのつながりも深まっていく。学生有志が「わっずふぁみりー」（「わ」は若栃、早稲田、担当の和栗百恵教授の頭文字）というサークルを結成して継続的な交流を行い、大学祭に出店して米や餅を販売している。

未来デザインの理念、方針、活動計画

さまざまな活動を進めていくなか、住民たちは小千谷市公民館主催の地域づくりの勉強会で一人のコーディネーターと出会う。当時、小千谷市のボランティアセンターに所属していた寺島義雄さんだ。寺島さんは地域づくりのコンサルティングを生業とし、新潟県内外で地域づくり計画の策定や住民ワークショップ、人材育成に携わってきた。この出会いがきっかけで、集落のビジ

集落の集会所で行われた若栃未来会議のワークショップ

ヨン（未来デザイン）をつくる未来デザインワークショップが二〇〇七年一月から始まる。ワークショップは三月までに二五回も開催された。未来会議の位置づけの整理からスタートし、理念や活動計画を策定していく。

一回目のワークショップ後の飲み会で出てきた言葉が、「われわれは超進化したのだ」である。そして、ワークショップから、本節のタイトルにもなっている「超進化」を冒頭に掲げた三つの理念、四つの方針と活動計画からなる未来デザインが生まれた。

＊理念

①超進化し、夢語る暮らし
②人に暖かく、寄り添う暮らし
③自然と共にある、種まく暮らし。

＊方針

①まるごと受け入れ、一緒に夢をつむぐ

②いつまでも恵みに感謝して暮らす
③若栃みんなが語り部になる
④若栃全域を自然公園にする

＊活動計画
①農家民宿「おっこの木」（古民家の横にある木の名前に由来）の開業（二〇一〇年六月）
若栃の歴史・営みを象徴する古民家（中越地震と、二〇〇七年七月の新潟県中越沖地震の被害で解体されることになっていた）を復興基金と未来会議の自主財源で買い取り、清掃ボランティアなどの交流活動を続けながら、農家民宿へ改修して営業する。運営については、接客、食材納入の協力者をまとめ、開業前トレーニングを実施しながら、仕組みづくりと役割分担を固める。
②農業法人の設立
ブランド力を高め、地域内・地域間で複合的な経営を行うため、農業法人設立に向けた検討・準備を生産者と関係者とともに進める。
③特産品加工所の開設
旧若栃小学校の給食室を利用して、漬物と惣菜の加工所を開設する。加工従事者、材料納入者などの協力者をまとめ、上水道工事が完成して水まわりが整った後に着手する。
④ファーマーズスクール
営農の継続と集落の存続のため、新規就農者を受け入れ、定住促進の取り組みを行う。

実際の活動は、以下の六つのチームに分かれて行われている。

①かたっこの会

若栃の自然研究と写真整理を進め、自然と生き物に関する出版を行う。

②わかとちヒストリー

若栃の歴史調査、復興への道のりのまとめを継続し、出版する。

③みちばた班

アクセス道路で花の植栽を継続し、周辺地域との連携・共同作業を進めて活動を拡大する。

④チーム食彩

伝統食の研究、再現、集落のお客様のおもてなしを継続しながら、惣菜加工商品としての開発を進め、レシピ集を出版する。

⑤むかし物語幸一組

若栃の経験と知恵を集め、活かし方を研究する。当面は、好評のわらぞうりや注連縄の製造・販売を継続・拡大する

⑥もてなし班

グリーンツーリズムのお客様へのおもてなしを継続しながら、専門家の協力を得てステップアップのための研究・勉強会を行う。

超進化とは何か

では、「超進化」とは何か。なぜ、「進化」ではなく「超進化」なのか。ワークショップで出された意見と細金代表の言葉を借りて解説する。細金さんは、超進化をこう語る。

「未来会議ができてから、みんなが夢を語るようになった。これまでは、地域のことは男性だけで話をしていたが、女性が参加して輪が広がった。これがもっとも大きい進化、まさに超進化なのだと思う」

集落の住民にも超進化の意味や理由を聞いてみた。

「田んぼなんて手間ばっかかかって銭にならねぇ、田んぼなんていらねぇって思ってたけど、なくしてみて田んぼの大事さがわかった」

「街で『あんたたち、がんばってんらねぇ』って言われるようになって、うれしい」

「(テレビなどの取材に)わぁわぁしゃべる自分に、たまげたいや」

「避難所でみんな、ほんと心をひとつにしたんだて。『あそこの嫁さん、しゃべったこともなかったけどいい人らねぇ』なんて会話もあったて」

次に、超進化の言葉が出た翌日のワークショップの意見を整理してみよう。

・未来会議ができて、若栃を何とかしようとする人が増えた。

・外からの支援に対して、自分たちが何をすることが恩返しになるのかと考えた。自分が頑張っていくことが一番だと思っている。

・集団の良さを避難所生活で見直した。
・自分が何をしなければならないかが見えてきた。
・みんな本当は辛くて切なくて、自分のことでいっぱいなのに、自分の持てる技や力を惜しみなく出してくれた、その方々に感謝、感謝です。
・村へいっぱいの人が来て、それに対応している自分にたまげた。

これらを見ると、村人の意識はたしかに超進化している。震災を契機に大事なものに気づき、行動に表し始めた。超進化という言葉は、現代社会に対する問いかけでもある。なりゆきに任せ、受動的な生き方や選択をしてきた人たちが、地震をきっかけとして「生きていく」ための積極的な姿勢を見せ、声を出し、行動に移し始めた。集落は、自分の意思で生きていく「生活の豊かさ」に気づいたのだ。

震災は、家屋を倒壊し、道路を寸断し、棚田を無残に崩した。そのとき、人は助け合わなければ生きていけない、メッセージを発しなければ誰も助けに来ない、という共通認識を集落全員が持ったのだ。そして、その共通認識のもとで、自らが考え、課題解決に向かって行動を始めた。山あいでの生活は効率が悪く、生産性も低い。高齢化率も高くなっている。しかし、集落には心優しく、たくましい住民がいる。豊かな湧き水や、肥沃な土壌、自然と共にある暮らしがある。それらが何よりの豊かさであると気づいたことが、若栃の超進化なのだろう。

JICA研修生との記念写真

まるごと受け入れ、一緒に夢を紡ぐ

未来デザインが二〇〇七年三月に完成後、多くの活動がスタートした。ここでは、とりわけ他者を受け入れる力を発揮した二つの活動を紹介しよう。

ひとつは、JICA研修生の受け入れである。JICA兵庫（当時）と神戸市が共催する研修コース「自然災害からの復興戦略～阪神・淡路大震災現場からの教訓～」に参加するために二〇〇七年一月に来日した、スリランカ、アルジェリア、インドネシア、パキスタン、トルコから一〇名を受け入れた。これは、前年一一月に開催した集落の収穫祭に参加していたJICA兵庫のメンバーの紹介である。

研修の一環として訪れた彼らの目的は、「震災復興における豊かさ」を学ぶことだった。交流会では、言葉もわからないなかで住民たちが食事や飲み物を振る舞い、身振り手振りで会話し、最後は全員で「スキヤキソング」(上を向いて歩こう)の大合唱で終了。その後、集落で民泊した。

受け入れに際しては、もてなしの心が存分に発揮されている。宗教によって食べられない食材があるから、どんな食事を出せばよいか研究するために、事前に新潟大学のレバノンからの留学生を招いて相談した。それをもとに、当日の食事のすべてに、どんな食材を使用したのかを書いた紙を貼ったのだ。研修生たちは涙を浮かべながら、強いハグを繰り返して帰ったという(その後、毎年訪れている)。

もうひとつは、中学生の教育体験旅行の受け入れである。二〇〇七年八月に東京など首都圏の中学生約七〇名が周辺の集落も合わせて訪れ、二泊三日を若栃で過ごした。民泊は多く受け入れてきたが、中学生は初めてである。食事にも気を使うし、どうやって声をかければいいのか悩んだ。でも、中学生たちも帰るころには涙を浮かべていた。

以後、中学生は毎年訪れている。礼儀正しい子、元気な子、手伝いを一生懸命する子と、生徒たちはいろいろだ。住民は、それを新しい発見をしたかのように楽しんでいる。もてなし、受け入れるだけではなく、一緒に楽しむ。それも、他者を受け入れる力の一つだろう。

未来会議では、こうした地域づくり活動をコミュニティ・ビジネスに育てようとしている。その大きな柱は、農家民宿おっこの木の運営である。

食事の支度、受け付け、掃除などの運営は、未来会議内のおっこの木運営メンバー一二名で担当している。震災以降、一人暮らしを続ける八〇歳の内山アイさんは、民宿の仕事が大きな生きがいになっていると語っていた。この生きがいこそが、農山村でコミュニティ・ビジネスを展開していくうえで重要ではないだろうか。条件が不利な農山村でのビジネスは、自然環境や数百年

民宿おっこの木(上)と、その運営メンバー。
左から３番目は交流で訪れた外国人女性。

にわたって営まれ続ける生活と経済が相互補完しなければ成り立たない。それを若栃では体現している。売り上げは年間三〇〇万円程度だ。

そのほか、グリーンツーリズム、注連縄の販売や各種体験ツアーの企画、米や餅の販売など、数多く展開している。二〇一二年度の決算では、すべて合わせて総売り上げが約九〇〇万円だった。細金さんは、「人を雇うにはまだまだの数字だが、若い人が暮らしていけるようなビジネスにしたい」と語っている。

多様な世代が豊かに暮らせる集落を目指して

未来会議の活動が続くなかで、集落から出た若者が戻ってくるようになった。細金さんの息子・創《つくる》さん(一九八二年生まれ)は二〇一一年にUターンし、未来会議の活動にも積極的にかかわっている。Uターンのきっかけは東日本大震災だった。創さんは当時の想いを語る。

「地震が起こって、仕事も生活もぐちゃぐちゃになった。コンビニやスーパーにモノが並ばず、交通もままならない日々。東京の暮らしや会社のキャリアのなかで、どんな将来像を描いたらいいのかわからなくなった。中越地震直後に復旧の手伝いに帰ったときは、食事の材料は畑の野菜でまかない、みんなで食べた。壊れたお寺の片付けや農道を一緒に直した。不謹慎かもしれないけれど、復旧の活動をしているときはすごく楽しかったし、みんなでつくり直すんだっていう一体感があったと思う。東日本大震災後の生活を取り戻す過程では、そんな一体感や前向きなイメージをいつまでも持つことができなかった」

創さんはいま、集落内外の同世代の仲間と、米や野菜の直売、地域情報の発信活動を始めている。

では、未来会議は若栃の未来をどう描いているのだろうか。

剛さんは今後の展望について、「私たちの年代はあと何年もない。次のステージにバトンタッチしなければ」と語る。住民が年齢を重ねても生きがいを感じながら生きられる場、若い人も活用できる場をつくっていくことが今後の目標だ。

「現在、若栃の若い世代は第二種兼業農家が多く、勤めを優先させている。だから、農業面での収入を増やし、農業に従事できる環境をつくりだしていきたい。加えて、農産物の加工品などの新しい産業を生みだし、収入をしっかり得られる環境をつくる。そして、若い世代が定住し、多様な世代が豊かに暮らせる村をつくっていきたい」

創さんも考えは同じだ。農業を収入の前提としたうえで、東京生活でのサービス業の経験を活かし、他者を受け入れる力を具現化したおっこの木を自分なりのやり方で引き継ぎ、新たな産業として広げていきたいと語っている。

「そのためにも、まずは農業と本当の意味での〝村の暮らし〟を覚えていくことが最優先です」

二〇一四年一二月に予定している廃校を活用した加工所が完成すると、未来会議が当初掲げていた計画はすべて達成される。計画を立てても、すべてが実現することは少ない。だが、未来会議は迂余曲折しながらも計画に向かって力を合わせて進み、実現させてきた。その裏側には、集落の共通認識と他者を受け入れる力があった。今後もその力を発揮し、超進化し続けて、農山村のモデルになることを期待したい。

〈日野正基〉

第3章

震災復興が生み出したもの

震災後、中越地方に移住した若い女性たち

1 新たな自治の可能性——集落を超えた地域づくりの枠組み

中越地震が起きた二〇〇四年、全国で市町村合併(以下、合併)の嵐が吹き荒れていた。新潟県では二〇〇四〜〇五年に六九市町村が合併に踏み切り、県内市町村数は一一〇から四二へ激減する(二〇一四年現在、三〇)。中越地震の被災市町村でも、合併の動向がほぼ決まっていた。いうまでもなく、地方自治体の再編は地域の自治に大きな影響を与える。

復興と合併が交わったところで、旧市町村をおもな活動範囲として地域の課題解決に取り組む団体が生まれた。ここでは、こうした団体を特定テーマに取り組むNPOと区別し、「総合型NPO」と総称する。

新・長岡市の自治の仕組みと住民の評価

長岡市は二〇〇五年に小国町、越路《こしじ》町、中之島《なかのしま》町、三島《みしま》町、山古志村を、二〇〇六年に栃尾《とちお》市、寺泊《てらどまり》町、与板《よいた》町、和島《わしま》村を、さらに二〇一〇年に川口町を編入合併した。うち六町村は人口一万人以下の小規模自治体である。旧市町村域の住民にとっては、慣れ親しんだ行政が消滅し、人口約二八万人の長岡市に組み込まれる結果、自らの地域が取り残されてしまうのではないかという不安が強くあった。

長岡市はこうした不安に対して、旧市町村単位で「支所」(旧市町村役場)と「地域委員会」(市長の付属機関)を設置する。担う役割は、支所が「通常の住民サービス」「地域固有の伝統や文化に関わるもの」「支所で行った方が効果的な業務」、地域委員会が「当該地域のまちづくりに係る提案」「ふるさと創生基金を活用したまちづくりの推進」「当該地域に係る各種計画策定・変更の協議」「当該地域に係る施策の協議」「支所で行う地域固有業務の検討」「その他市長が認めるもの」。支所によって住民サービスを低下させずに独自のまちづくりを尊重し、地域委員会で独自のまちづくりを推進するための行政と住民の検討の場をつくるという考え方である。

この仕組みを住民はどう評価しているのか。長岡市は二〇一〇年に、地域委員会の全委員を対象に「合併後の不安の声が聞こえるか」という調査を行った。調査結果によれば、「耳にしない」(二五%)、「以前はあったが耳にしなくなった」(一九%)、「たまに耳にする」(四一%)、「頻繁に耳にする」(一六%)。「耳にする」という回答が半数を超えている。「新たな地域自治」の仕組みによっても住民の不安は解消されていないことがわかる。不安の具体的な内容は、表7に示した。

地域委員会と支所の課題と住民意識

なぜ、長岡市が構想した仕組みは不安解消につながらなかったのか。地域委員会と支所の課題を三地域の支所長経験者からのヒアリングをもとに考察しよう。小国地域は現・農事組合法人よ

表７　おもな不安の声

不安の声	そう感じる背景
合併後、本庁の計画が見えてこない	支所の職員が少なすぎる
行政が遠くなってしまった	地域の細部の声が届きにくくなっているのではないか
支所がいずれなくなるのではないか	コミセン（コミュニテイセンターの設置）化により、支所が役割を果たしていた行事が減ることなど 支所が独自の判断できない面が多い
困ったり心配事がある際に、直接相談や要望に行けない	支所に知っている人がいなくなってきた 何となく敷居が高い
役所の対応が悪くなった	地域のことをよく知る職員が少なくなった
地域が長岡市の中に埋没してしまうのではないか	伝統や文化だけでは、地域はよくならない
本庁に集中している感じがある	支所と地域との交流が希薄になっている 地元出身職員の減少によるものか
市役所が遠くなり、不便に感じる	地域の要望をあげにくい
地域の声が支所に通らない	議員がいない地域は、地域がまとまっていないように感じる
合併前は町議会議員や町長が住民の声を聞いてくれたが、いまは声が届かない	地域委員会の役割が十分に理解されていないことが原因かもしれない
末端の声が届かなくなった	地区総代を通じた要望が通らなくなっている。

こさわの広田忠俊《ただとし》さん、山古志地域は現・(公社)中越防災安全推進機構の斎藤隆《たかし》さん、川口地域は現・NPO法人くらしサポート越後川口理事の長谷川久《ひさし》さんである。

まず、地域委員会について。山古志では、権限に対する誤解があげられた。地域委員会は、長岡市の諮問に対して地域の意見を回答するとともに、自主的にテーマを決めて審議して市へ意見できる。ただし、長岡市全体の公平性や予算を考えたとき、必ずしも意見が通るわけではない。

「山古志より人口が多い旧町村地域はいっぱいある。合併後に、山古志村時代の予算額がそのまま割り当てられることなんてありえないし、山古志住民の意見だけ特別視されることもない。それを住民が認識する必要があった」(斎藤さん)

小国でも、地域委員の大半を当初は町議会議員が占めていたこともあり、地域委員会が議会のように行政への強い影響力があるという誤解があった。だから、「地域の声が届かない」などの不安につながっている。一方、長谷川さんは、こう指摘する。

「地域委員会には、自分の集落だけではなく川口地域全体の振興を考えた視点で課題を提起する役割を期待したが、自ら議論すべきテーマを見つけることが困難だった」

川口の地域委員には、町議会議員や役場OBは少ない。自分の集落や団体の範囲では議論できても、川口地域全体という範囲で広く考えることに慣れていなかったのだろう。

支所については、広田さんが次のように述べている。

「支所の職員だけでは、住民の声を拾ったり行政の制度変更の説明をするためのマンパワーがなかった。また、集落活動計画づくり（第2章4参照）への役場職員のサポートができなくなった」

表8　3地域における合併前後の一般職員数の変化

	合併前（役場）	2013年度（支所）
小国町	131名	52名
山古志村	64名	32名
川口町	55名	32名

表8にあるとおり、支所職員の人数は合併前の役場時代の半分程度だ。その結果、「住民との接点」（情報交換や意見聴取）や「地域活動へのサポート」が不足し、「合併前は住民の声を聞いてくれた」「気軽に相談、要望に行けない」という声が生まれたと考えられる。実際、新たに地域活動のサポート役を担ったのは、地域復興支援員（以下、支援員）だった。

こうした課題の根っこは、行政と住民の関係にある。「これまでは『行政が私のために何をやってくれるのか』というのが住民の感覚だった」「地域振興は首長の力しだいだった」と三地域すべてで指摘されている。合併前は、首長をトップとした行政主導の地域づくりが行われていたのである。小国町では「何でも役場が初めに手をつけて、軌道に乗ったら民間に渡すというやり方だった」という。

しかし、合併後は、地域づくりを主導して進めてくれる行政はない。しばしば「行政依存」という言葉が使われるが、こうした行政と住民の関係に慣れていたゆえに、合併による行政の変化に対応できず、不安の声が多かったのではないか。

ここから、合併後の行政の変化を受けとめたうえで、新たな自治を確立していくためのポイントが見えてくる。

①住民が行政依存意識から脱却する。
②自らの集落だけではなく、地域全体の振興を考える姿勢を住民が持つ。
③役場が担ってきた住民活動をサポートする主体の育成。
④地域との関係が薄くなった行政（支所）を補完し、住民との関係を仲介する主体の必要性。
以下では、こうした課題を解決しようと生まれた総合型ＮＰＯを紹介したい。

ＮＰＯ法人ＭＴＮサポート――旧小国町

ＮＰＯ法人ＭＴＮサポート（以下、ＭＴＮ）は、合併後の地域と行政をつなぐ役割が必要という住民の危機感が発端となり、有志が集まって検討を重ね、二〇〇八年に設立した。ＭＴＮは「MoTtaiNai」（もったいない）からつけられた名称で、市民ネットワークによる、地域で使われていない「もったいない資源」をつないで活かす仕組みづくりが目的だ。現在、理事三名、会員二三名（年会費一万円）。意志決定を早くするために少数で運営している。

当初の目標の一つは、小国産の野菜や加工品を販売する直売所の設立だった。そのために、農家の生産状況の調査、農業生産法人と連携した古代米利用の酒「紫酔《しすい》」の開発、ドバヨ（コイ科の小魚）の養殖などに取り組んだ。また、合併で縮小した役場（支所）機能を補完する「小さな役場」構想を掲げ、「地域復興デザイン策定支援事業」を活用して、復興計画を策定する集落に対する支援を行った。一方、小国町では四人に一人が七五歳以上の高齢者である。そこで、これから二

表９　NPO 法人 MTN サポートの事業

事　　業	内　　容	予　　算
①小国地域生活交通確保事業	コミュニティバスの運行	自主（運賃収入）、補助金
②高齢者の生活支援事業	配食サービス、買い物支援、高齢者お楽しみ会、産地直販	助成金（中越大震災復興基金）
③コミュニティ事業	レクリエーション、介護予防（さくらの会支援事業）	補助金

（出典）「平成 25 年度事業報告書」。

ーズが高まる高齢者の生活支援事業にも着手していく。

二〇一〇年には、ＭＴＮは高齢者の生活支援など利益の上がりにくい事業に注力することにし、直売所を中心とした利益部門を担う会社として（株）もったいない村を設立。翌年、直売所「山の駅おぐにもったいない村」をオープンした。野菜だけでなく、日用品も販売して地域の生活拠点となる施設である。さらに、葬儀場も併設した。それまで火葬場はあるが葬儀場がなく、小千谷市や柏崎市まで行かなければならず、高齢者が多いことからニーズがあると考えたのである。

二〇一二年からは復興基金を活用し、高齢者世帯（一人暮らしや夫婦）を対象とした弁当の配食や買い物代行といった生活支援事業も始めた。これらの事業で把握した高齢者世帯の生活支援ニーズを、小国支所の保健師や地域包括支援センター（介護保険法で定められた、高齢者への総合生活支援窓口）と共有している。あわせて、長岡市が運行していたコミュニティバスを引き継いだ。高齢者が多い山間部の集落に対しては、事前予約型乗合タクシーもタクシー会社と連携して運行している（表９）。

ＮＰＯ法人中越防災フロンティアと山古志住民会議――旧山古志村

ＮＰＯ法人中越防災フロンティア（以下、フロンティア）は、社団法人北陸建設弘済会（建設事業の円滑な推進を目的とした国土交通省の外郭団体。現・一般社団法人北陸地域づくり協会）が設立を主導した団体である。同会では、震災後いち早く二〇〇五年に「山古志復興新ビジョン研究会」を立ち上げて帰村に向けた支援を始めた。

最初に着手したのは被災地視察のガイド事業である。二〇〇七年からは、前年・前々年の豪雪時にボランティアの力に応えきれなかった経験から、安全な除雪作業の手順やスコップの使い方などの雪かき技術の伝承を行う「越後雪かき道場Ⓡ」を始め、現在も続けている。

根幹となる事業は、コミュニティバスの運行事業だ。山古志では、住民の帰村が進む二〇〇七年に、民間会社が運行していた路線バス（長岡市太田地区と山古志全域を結ぶ）が撤退する。高齢者の買い物や通院、高校生の通学に大きな影響を与え、復興への大きな足かせとなると予想された。そこで、山古志と太田地区の住民と対応を相談。復興基金を活用して、二〇〇八年から五年間の期限付きで運行を維持し、新たな生活交通のあり方を検討することにした。より効率化を図るために、事前予約で不定期運行するシステムを実験的に取り入れている。

コミュニティバス運行の前提となったのは、山古志と太田地区の全戸参加を目指した会員制システムである（会員のみが利用できる無料バス）。二〇一三年に地域住民主体の組織への移行を前提に、五年間の受け皿をフロンティアが担う。コミュニティバスを利用しない世帯も賛同し、山古

表10　NPO法人中越防災フロンティアの事業

事　業	内　容	予　算
①クローバーバス事業	コミュニティバスの運行	自主(運賃収入)、補助金
②被災地視察案内	防災体験・学習	自主
	やまこし復興交流館おらたるの運営	委託
③越後雪かき道場	越後雪かき道場の運営	自主(参加費収入)、助成金
	現地調査・防災研究	委託
④その他	情報発信	自主
	地域経営実践支援	中越大震災復興基金

(出典)「平成25年度事業報告書」。

志では予想を上回って九八%が加入した。

そして、二〇一三年に、運行は引き続きフロンティアが行い、フロンティアを運営する理事を外部有識者中心から地元住民中心へ移行することを決める。復興基金による支援が終わった二〇一四年からは、長岡市からの補助金と運賃収入で運行されている。

このほか、中越地震の経験を伝える「中越震災メモリアル回廊」(公社)中越防災安全推進機構が復興基金の補助で運営)の一施設である「やまこし復興交流館おらたる」の運営を担うなど、山古志の核になる組織となった。二〇一三年度の事業は表10のとおりである。

フロンティアの会員は約三八〇世帯で、山古志と太田地区全世帯の約七〇%が加入している(年会費五〇〇〇円)。理事一二名のうち、代表理事、副代表理事はじめ山古志住民が五名、クローバーバスの運行エリアである太田地区住民が二名、地域外有識者が五名だ。やまこし復興交流館おらたるの受託にともない、常勤職員を三名雇用している。

一方「山古志住民会議」（以下、住民会議）は、住民の帰村が進むなかで山古志支所が「みんなで集まって山古志の復興についていてしゃべろう」と住民有志に声をかけたのが始まりである。支援員と支所が事務局となり、「地域で動ける人、影響力のある人に入ってもらおう」と、性別・地域・年代を問わず会員を選んだ（フロンティアの代表理事、副代表理事、事務局長も会員）。

初めに取りかかったのは「やまこし夢プラン」づくりである。合併前の山古志村行政がつくった「山古志復興計画」に代わる、住民主体の復興計画だ。住民会議は、会員以外も巻き込んで、観光、直売所、福祉サービスのあり方を検討し、そこから生まれたアイデア（各種体験ツアーなど）を住民と支援員の連携のもとに実施している。

ＮＰＯ法人くらしサポート越後川口——旧川口町

ＮＰＯ法人くらしサポート越後川口（以下、くらしサポート）が設立された背景には、二〇〇七年一〇月設立の「えちご川口交流ネットＲＥＮ」（Revival（復興）、Empowerment（人が本来持っている力を引出す）、Network（つながり）の頭文字。以下、ＲＥＮ）の存在がある。

川口町では、震災後二〇一〇年までに、集落を単位として復興・地域づくりに取り組む団体が九つも誕生した。ＲＥＮは、こうした団体のネットワーク組織である。設立と支援員四名の配置は同時期で、事務局を支援員が担った。復興基金の復興支援ネットワーク事業を活用し、各団体が行うイベントの支援（震災周年イベント、情報発信など）、団体が連携した取り組み（他の震災被災地との交流）や、川口町役場が担っていた「夢づくり交流会」を引き継ぎ、団体の情報交換・交流の場づくりを行ってきた。

川口町が二〇一〇年三月に長岡市と合併した時点で、支援員の任期終了まで三年となり、各団体が活動の原資としていた復興基金の事業も終わりが見えていた。そこで、団体の交流を主眼としていたRENをパワーアップさせ、地域づくりをサポートする新たな組織の検討が、各団体代表者と支援員、中越防災安全推進機構などで始まっていく。

一方で、中越震災メモリアル回廊の一施設として、既存施設を改修したメモリアル施設「川口きずな館」の整備が決まる。同館の運営や、長岡市が直営していたコミュニティバスの受託を受けることで、新たな組織の当面の財源確保（四名の人件費）の算段が立った。こうして約一年半の準備期間を経て二〇一一年一〇月、くらしサポートが設立される。

当初、前述の受託事業のほか、理事が担当部門を持ち、「生活・福祉」「教育・環境」「産業・観光」「地域協働」という四部会を設けた。しかし、集落や団体の運営を中核的に担う理事が多く、くらしサポートの活動に時間を割くことが難しい。徐々に事務局が主導し、理事が協力する形で事業が展開されるようになった。

二〇一三年度の事業は表11のとおりである。川口運動公園（体育館などの運動施設、キャンプ施設など）の維持管理・運営（施設管理専門の企業と共同で、指定管理者制度で長岡市から維持管理を受託）や、

表11　NPO法人くらしサポート越後川口の事業

事　業	内　容	予　算
①支え合う暖かい地域づくり	回数券の運用	自主(売上収入)
	レンタカーの運営	自主(売上収入)
	出張きずな茶会の運営	自主
②豊かな心を育む地域づくり	川口中学校の総合学習の支援	協力
	趣味、教養活動の支援と実施など	自主
③地域の活性化と交流促進	オール川口フェスタの開催	自主
	川口さんだーばーど(キッチンカー)の運用	自主
④地域の元気づくり支援	地域づくり事務局の開設	自主
	地域間交流イベントの支援	協力
	川口の次の10年を考える指標づくり	自主
⑤情報発信	ホームページの開設	自主
	機関誌「くらサポ便り」の発行	自主
⑥受託・助成	川口きずな館とメモリアルパークの管理	委託
	川口地域バスの運行	補助金
	生活向上を目的とした地域活性化	助成金
	長岡市コミュニティ事業	助成金
	地域経営実践支援	中越大震災復興基金
	川口運動公園の維持管理・運営	指定管理料

(出典)「平成25年度事業報告書」。

当初の問題意識にあった地域づくり団体のサポートを行う地域づくり事務局の開設、集落に出向いて住民の声を拾う「出張きずな茶会」などの活動が行われている。

会員は二一九名(年会費二〇〇〇円)、理事は一一名。旧川口町の全世帯会員を目指したが、現時点では約一六%にとどまっている。川口きずな館とコミュニティバスの受託、川口運動公園の指定管理によって人件費を捻出し、非常勤職員も含めてスタッフは五名だ。

合併後の地域課題に対応できたのか

三つの団体は、新たな地域自治の確立にどう寄与したのだろうか。先にあげた四つのポイント（一五七ページ参照）に添って整理してみよう。

①行政依存意識からの脱却

総合型ＮＰＯによって解決に向けて取り組んでいること自体、行政依存意識からの脱却が進んでいる証拠である。各団体は、行政（支所）の人員や機能の縮小（小国）、路線バスの撤退（山古志）、復興基金事業の終了（川口）などの危機感を発端に、行政へ課題解決を委ねるのではなく、自ら実に多様な事業を展開している。

②地域全体の振興を考える姿勢

川口の地域委員会で期待されていた「自らの集落だけではなく川口地域全体の振興を考えた視点での課題提起」という役割を担っていると言える。具体的には、民間企業のバス事業からの撤退（山古志）、集落や団体のサポート体制の必要性（川口）、もったいない資源の活用（小国）、高齢者世帯の生活支援（小国）など、ほぼすべての事業が地域全体の視点で見た課題提起と言っていいだろう。

③住民活動をサポートする主体

住民活動のサポートは、おもに支援員によって担われている。だが、支援員は時限的な配置である。総合型ＮＰＯの取り組みからは、「支援員から自立」して、その役割を担おうとする動きがうかがえる。たとえば川口では、地域づくり事務局（相談窓口、事務的な支援）を設置し、イベントなどへの支援ニーズに対して、手を差し伸べる仕組みをつくっている。

④行政と住民の関係を仲介する主体の必要性

コミュニティバスの運行や高齢者の生活支援などを通じて、住民がかかえる課題を収集し、行政へ伝える役割を担っていると言える。小国では、配食事業を通じて把握した高齢者世帯の生活実態や課題を行政や関連事業者と共有している。川口では、出張きずな茶会を通じて地域の声（課題や要望）を拾い、行政や関係組織と共有する動きが生まれた。

総合型NPOは、新たな地域自治の確立へ一定程度寄与していると言っていいだろう。会員数の少なさ、行政に大きく依存した財政など課題も多い。とはいえ、人員・機能が縮小した支所や、行政への要望が中心で地域課題の議論が活性化しにくい地域委員会の役割を補完し、地域課題の解決提起と、独自のまちづくりに向けて、取り組みを進めているのである。

〈阿部　巧〉

2 担い手確保への挑戦――イナカレッジの意義

インターンシップ事業のスタート

中越地震で被害の大きかった農山村の集落の一部では、過疎化の流れが一五～二〇年も加速したと言われ、担い手不足が深刻な問題となっている。「新潟県中越大震災復興計画【第三次】」（二〇一一年三月）では、「活力に満ちた持続性の獲得」から「震災復興を超えた新しい日常の創出」が復興の柱とされ、「多様な担い手の確保・育成」が位置づけられた。これを受けて私たち（公社）中越防災安全推進機構では、復興基金を活用し、農山村の新たな担い手対策として、「Iターン留学『にいがたイナカレッジ』」（以下、イナカレッジ）を二〇一二年度からスタートさせた。

イナカレッジは、中越地方の農山村にIターンして、自分に合ったライフスタイルを見つけ、創り上げていくインターンシップ・プログラムである。具体的には、「地域づくり・地域マネジメント」「六次産業、コミュニティ・ビジネス」「半農半X、ムラの暮らし」などを学ぶ。農山村に入るきっかけづくりを目的とした短期プログラム（数週間～一カ月）と、腰を据えて本格的に学ぶ長期プログラム（一年間）の二種類から成る。

まだモデルと呼べるほどの確立した事業ではないが、失敗談も含めて、これまでの経験から見えてきたことをまとめておきたい。

失敗から学ぶ

初年度は、「中越・山の暮らしインターン」という事業名称で、①一カ月（定員二〇名）、②三カ月（定員一〇名）、③一年（定員五名）の三種類に取り組んだ。しかし、参加者は①と③が四名、②が二名で、定員には到底至らなかった。どうすれば参加者を集められるのか。私たちは二つの改善を図った。

一つは、中越のアイデンティティ、中越にあって全国にはない特徴だ。私たちの活動の原点は中越地震からの復興であり、その過程で小さな集落が元気になってきた。そこには、震災復興や地域づくりの多くのノウハウが隠されている。全国からたくさんの支援をいただいた私たちが学んだことを、このインターンシップ事業を通じて伝えていくことが、支援への恩返しと考えた。

もう一つは、情報発信だ。農山村に移住した若者たちに理由を聞くと、「（ムラの人たちを見て）こんなおとなに自分もなりたい」「こうした暮らしを自分もしたい」「集落が掲げる地域づくりの考え方に共感した。自分もムラの一員になって一緒に地域づくりをしていきたい」などの答えが返ってくる。つまり、都市の若者はムラの人や暮らしや生きざまに共感して移住しているのだ。したがって、インターンシップという事業をＰＲするのではなく、その先にあるムラの暮らしや人の魅力を伝えていく必要がある。それを体験して学ぶ事業であると再定義した。

これをふまえて、二〇一三年度からは事業名称を「Iターン留学『にいがたイナカレッジ』」に変更。「ムラに学ぶ・ヒトに学ぶ・自分らしいライフスタイルを実現する」をスローガンとした。農山村の現場で地域の人たちと一緒に汗を流しながら学ぶ「実践型training」(実地研修)と、中越地震を機に活発になった地域づくり活動から得た知見や経験を学ぶ「地域学school」(講義研修)を組み合わせたプログラムである。

私たちがもっとも力を入れている点は、参加するインターン生と地域の人たちとの関係性づくりだ。インターン事業は、よく「移住対策」として位置づけられる。だが、移住はあくまでもインターンの結果(副産物)であり、私たちはそれを最初から目的として掲げてはいない。若者が移住を決断する理由は人や暮らしや生き方への共感なのだから、それらの魅力を感じてもらうために、しっかりと地域に溶け込むことが何よりも重要である。そうした環境をつくることに努力している。

参加者の募集から決定まで

参加者の募集にあたっては、イナカレッジのサイト(http://inacollege.jp/)を立ち上げ、東京都内で事業説明会を行ったり、研修地域をめぐるツアーを開催している。最初の二年間は参加者の確保に苦労したが、三年目にあたる二〇一四年度はホームページに募集記事を掲載した直後から参加申し込みや問い合わせが多かった。八月現在、一年間のインターン生は七地域で七名である。

このうち三名は、前年度の事業説明会や研修地ツアー、短期プログラム参加者だ。前年度に播いた種が、一年後に花開く結果となっている。

参加者の決定までには、四段階のステップがある。一年間のプログラムの場合の申し込みから参加決定までの流れを示そう。

①申込書の送付

前述のサイトに申し込み、詳細な参加申込書を提出する。そこでは、参加したいプログラムを第一希望から第三希望まで記載し、事務局は該当地域の受入担当者に応募者の照会を行う。

②現地でのマッチング

各地域の担当者が申込書を見て、とくに問題がなければ、応募者に交通費自己負担で現地に来ていただく。旅費の負担は、参加への本気度を測る目安ともなる。現地では、応募者が興味ある地域はすべて案内する。好奇心旺盛な応募者は、数日かけて多くの地域をめぐる。応募者は「どんな地域なのか」「どんな人が受け入れてくれるのか」、担当者は「どんな人なのか」をお互いに知る機会となる。

③最終的な参加希望の意思確認

現地で担当者と話をすると、半分ぐらいの場合、事前の第一希望から第三希望の順序が変わる。ときには、「想像とちょっと違ったので辞退したい」というケースもある。現場を訪れて初めてわかること、感じることがあるから、マッチング後に改めて最終的な参加意志を確認し、希望地域を決めていただく。

④受入地域の意思確認と参加決定

応募者の最終的な希望に沿って、受入地域側の意志を確認する。その承諾を得たところで参加決定。インターンの開始時期など具体的な調整を行っていく。

プログラム概要

《イナカレッジ・長期留学》

《プログラムの目的》
1年間の長期プログラムを通じて、自分らしいライフスタイルを見つける・創るプログラム

《プログラム概要》
【内容】実地研修 × 講義研修(地域づくり、ツーリズム、コミュニティ・ビジネスなど)
【期間】1年間／【手当】5万円／月
【対象】社会人、学生
【選考】書類選考、現地でのマッチング

《イナカレッジ・短期留学》

《プログラムの目的》
農山村に入るためのきっかけづくり、農山村の暮らしや仕事を体験するプログラム

《プログラム概要》
【内容】実地研修(地域づくり、ツーリズム、コミュニティ・ビジネスなど)
【期間】数週間～1カ月間／【手当】なし
【対象】学生、社会人
【選考】書類選考

図12　Iターン留学「にいがたイナカレッジ」の

Iターン留学『イナカレッジ』のコンセプト

実践型 training（実地研修）× 地域学 school（講義研修）＝ 暮らしの基盤の創造

現場を体験する

地域づくりやコミュニティ・ビジネス、農業・6次産業化などの実施現場での研修プログラム。

地域づくり・地域マネジメント

中越地震後に活発になった地域づくり活動を実際の現場で体験。地域づくり団体・NPOなどでのOJTを実践する。

6次産業、コミュニティ・ビジネス

地域資源を活用した6次産業やコミュニティ・ビジネスを実践する法人・団体などでの研修。農産加工・販売、ツーリズムなど。

半農半X、ムラの暮らし

農村に伝えられてきた生活の知恵やワザ、暮らしを学ぶ、農業を主体とした複合的な生業の現場を体験する農村の暮らし研修。

地域学を学ぶ

地域復興支援員の研修などで蓄積した人材育成・地域づくりのノウハウを体系的にプログラム化。

移住・定住講座

移住者が地域のなかで暮らしていくための収入源づくりなどについて、実践例などを交えながら学ぶ講座。

集落支援・地域経営講座

集落の小規模化や社会状況の変化に合わせて必要になる中山間地域の集落の新たな地域運営の方法などについて学ぶ講座。

研修内容・待遇・参加者

イナカレッジの研修プログラムでは、①地域づくり・地域マネジメント、②六次産業、コミュニティ・ビジネス、③半農半X、ムラの暮らしという三つのテーマを設定している（図12）。受け皿は、農業生産法人や地域づくり組織（NPO、任意団体）などさまざまだ。市町村（行政）が直接的な受け皿になることはない。これは、集落や地域団体への直接支援を原則とする復興基金を財源としているからである。

受け入れにあたっては、一年間、最低限の生活が送れる環境と、個人ではなく集落ぐるみ、地域ぐるみで受け入れられる体制を条件としている。私たちはインターン生と地域の人たちとの良好な関係性づくりを第一に考えているので、いろいろな人たちとかかわれる環境を整えていただく。表12に二〇一四年度の募集研修先を示した。

事務局は基本的に二人体制だ。ほぼ月一回、事務局・受入地域担当者・インターン生の三者による定例ミーティングをそれぞれの受入先で行い、一カ月の振り返りや翌月の活動などについて話し合う。このほか、二カ月に一回程度、インターン生同士の交流会を開催する。交流会は各地域の持ち回りとし、他地域ではどんな現場でどんな活動をしているのかを見学する。同時に、ホスト役のインターン生は、他のインターン生に対して自分の地域を説明しなければならないので、地域について勉強し直す機会ともなる。

表12　2014年度イナカレッジ募集研修先一覧

地　域	研　修　先	研　修　内　容
長岡市（旧山古志村）	山のごっつぉ多菜田	地域の女性たちが運営する農家レストランの運営、レストランで使用する野菜作りなど
長岡市（旧小国町）	小国和紙生産組合、桐沢担い手生産組合ほか	夏は農業や地域づくり活動、冬は伝統工芸の和紙づくり、農産加工など、あらゆる分野を凝縮したスペシャルプログラム
長岡市（旧川口町）	NPO法人くらしサポート越後川口	集落調査や地域のビジョンづくり、イベントのサポートなど、地域づくり最前線でのプログラム
長岡市（旧栃尾市）	刈屋さんちの安心野菜	20代で就農した兄弟とともに実践する有機農業×6次産業のプログラム
十日町市	NPO法人十日町市地域おこし実行委員会	米作りと米の直販、グリーン・ツーリズムの企画・運営、農産物直売所の運営、その他地域おこし活動全般
十日町市	食と農を考える飛渡の会	野菜や米の販路拡大、農業生産補助など地域農業と野菜のブランディングを学ぶ
十日町市（旧松代町）	松代ハイテクファーム	棚田保全と植物工場という180度違う農業を体験。廃校を活用した農産加工事業にも取り組む
十日町市（旧松之山町）	グリーンハウス里美	ログハウスづくり、農家民宿の運営、農業体験インストラクター、地域づくり活動、ムラの暮らし研修など
十日町市	結いの里	環境保全型農業を実践する組織で、畑仕事や都市農村交流など
柏崎市（旧高柳町）	荻ノ島地域協議会、門出和紙生産組合	地域リーダーのもとで、農作業、茅葺きの空き家の修繕、農村体験プログラムの企画・開発など
南魚沼市（旧六日町）	みわ農園	30代の若手農家と一緒に、米や野菜作りから調理・販売までを学ぶ
十日町市	ほんやら洞	十日町市で喫茶店と惣菜の製造販売・配達を手掛ける店で、将来的に後継ぎとして活躍するために、現在の商売を体験して、良い部分や改善点を見つけていく

（注1）2014年8月現在、網掛けの地域が1年間のインターンシップ事業を実施している。
（注2）「ほんやら洞」は後継ぎインターンとして実施。

受け入れる地域には、住居、車、最低限の家具・家電製品などを用意していただく。復興基金からは、一カ月五万円の補助金（家賃、水道光熱費、車両・燃料代など）が支払われる。実際には、地域の環境にもよるが、七〜八万円程度かかる場合が多い。不足する分は受入地域で負担していただく。

インターン生には、生活費の補助として一カ月五万円を支給する。これは、NPO法人地球緑化センターが主催する「緑のふるさと協力隊」を参考にした。受入地域の人たちからは、「あいつは五万円しかもらってないらしい。おれたちが助けてやらないといかんだろ」と、必然的に手厚いサポートが受けられる。インターン生と地域住民との関係性づくりに役立つ仕組みである。インターン生から話を聞くと、「毎週水曜日は夕飯を呼ばれることが決まっている」とか「家に帰ってくると玄関に野菜が置いてある」など、地域の皆さんに支えられながら楽しい暮らしを送っているようだ。

二〇一三年度の長期プログラム申込者の内訳をみると、男性一七名、女性八名、年齢では一〇代一名、二〇代六名、三〇代九名、四〇代六名、五〇代三名、職業は会社員九名、無職八名など。住まいは関東地方が一二名とほぼ半数を占めた。参加動機は「自分自身の経験を積みたい」が最多で、「研修プログラムに興味があった」「田舎暮らしに興味がある・実践したい」など。「新潟だから」は少数であった。

全国で類似する事業が増えるなかで参加者を確保していくには、「地域・地名」ではなく、プログラムの中身や背景にある地域の想いで勝負しなければならないということが見えてくる。

ムラのアイドルと化した希さん

インターン生第一号となった五味《ごみ》希《のぞみ》さんは一九九〇年生まれ。東京都内の大学院を休学して、二〇一二年度に小千谷市東山地区でお世話になった。東京生まれ東京育ちで、一人暮らしも初めてだったという。大学院では地域づくりを専攻し、「実際に地域で暮らし、住民の人たちとかかわりながら地域づくり活動を学びたい」というのが参加動機だった。将来は都市と農山村をつなぐ仕事を行っていきたいそうだ。

刈り取った稲を稲架掛けにして天日干しする希さん

東山地区は中越地震で大きく被災した地域の一つである。希さんは地域活性化を担う東山地区振興協議会の一員として、地域復興支援員のサポートのもと、地域住民に対して「これからの東山アンケート」調査やヒアリングを行った。その成果は、冊子「ひがしやま探訪～東山のこれまで・いま・これから～」

にまとめられている。

また、地域情報紙「東山月報」(二〇一〇年から発行)の取材・編集・発行、高齢者サロンの運営、闘牛大会や直売所の手伝い、田んぼや畑での農作業なども行った。さらに、中越地方の他の地域に移住してきた女性たちと一緒に、農山村の魅力を伝えるフリーペーパー(一九八～二〇〇ページ参照)の発行にも取り組んだ。

いつも笑顔を絶やさない希さんは、すっかりムラのアイドルと化し、私たちが地域にお邪魔すると、「もっと希ちゃんの手当を増やしてやってくれ」と言われる。完全に住民たちを味方につけていた。彼女が住む塩谷《しおだに》集落は、豪雪の中越のなかでもとくに雪が深い。雪下ろしの際には、集落の人たちが彼女の家に駆けつけた。一年間の経験をこう振り返っている。

「地域の皆さんは、お互いに小さい頃から知っている。すれ違った時に挨拶を交わす、そんな人と人との関係性があることは価値あることに見えました。その中に地域の伝統が続いていて、一方では新しい事を地域の人と一緒に楽しんでいる人もたくさんいました。地震で人が減ってしまっても、いろいろな人の〝思い〟とともに、地域の歩みは止まらない、止められないのだなと思いました。そして、季節や天気に〝意味〟がありました。四季の移ろいを感じながら生活すること、それが東山に〝暮らす〟ということなのだっと思いました」(「ひがしやま探訪」)

一年間のインターンシップを終えて大学院に復学したが、フリーペーパーの取材や修士論文を書くために、現在も東京から通っては、お世話になった方々の家に泊めていただいている。

小さな集落でムラの暮らしを学んだ要君

新潟県内の大学院で教育学を専攻し、卒業と同時にイナカレッジに参加した髙橋要《かなめ》君（一一〇〜一一三ページ参照）は、長岡市（旧川口町）の木沢集落で二〇一三年度の一年間を過ごした。小学校跡地を活用した宿泊施設「朝霧の宿『やまぼうし』」を拠点に、都市農村交流や情報発信を行い、田んぼや畑の手伝いなどに汗を流す日々。八一人（二〇一二年四月現在）の小さな集落なので、一年間ですべての人と顔を合わせて会話をした。要君も集落の人たちに可愛がられ、八キロも増えた体重がそれを物語っている。

大学院時代に来ていたときは、どちらかと言えば「もてなされていた」と言う。一年間地域の人たちと一緒に暮らし、イベント一つにしても、「お客さん」ではわからない裏方の準備や後片付けなど最初から最後まで一緒に行った。

「集落の一人として自分がここにいる実感が湧きました」

教員を目指していた要君は残念ながらこの年も採用試験に落ちてしまったが、インターン修了後に青少年育成に取り組む団体への就職が決まる。「要君の旅立ちを祝う会」では、近隣の集落からもたくさんの人たちが集まった。彼はそこで、藁と縄にたとえて、インターンを通じて感じた地域づくりの考え方を発表した。

「藁は集落に住む人びと。藁が幾重にも重なりなわれて、集落という名の縄ができる。いまは集落の人が減り、藁が少なくなっているので、縄が細くなっているかもしれない。でも、細くて

畑も借りた要君(右)。集落の人が「要の畑」の看板を作ってくれた。

も頑丈な縄にするない方もあるはず。それが地域づくり。

自分のような外の人間は一本一本の藁にはなれないかもしれないけど、一緒にない方を考えたり、一緒になうことはできる。集落が今後も変わらず維持できるのかという不安もあるし、もしかしたら一〇年後、二〇年後になくなる可能性だってある。ただ、それは見方を変えれば、縄が完成するということかもしれない。

完成する縄が、最後のほうは細くて雑になるのか、細くてもしっかり頑丈になるのか。これから先どうなるかはわからないけど、『きれいな縄だね！』って言える・言ってもらえるように、これからも皆さんで細くてもしっかりとした縄をなってほしい」

要君が木沢集落を旅立つ日、朝七時半にもかかわらず、多くの人たちが見送りにきた。後日聞いた話では、こんなお母さんもいたそうだ。

「私は見送りには行けない。だって涙が止まらなくなるから」

インターンが終わった数カ月後、要君が木沢集落に遊びに来た。新しい生活をスタートさせた彼が言った。

「つい、木沢に帰ってきたいと思ってしまう自分がいるんです」

多様な担い手のかたち

一般的に外部人材を地域に送り込む事業では、成果指標として定住者の数が掲げられやすい。たしかにわかりやすい評価軸であり、またそれ以外の指標は見つけにくい。しかし、実際にイナカレッジを受け入れていただいた地域の方は、こう語っていた。

「移住してくれれば、うれしい。だけど、それよりも、私たちが住んでいる地域のことを本気になって一緒に考えてくれる人がいることが何よりもうれしい」

これまで、長期プログラム・短期プログラム合わせて、二年間で三一名がインターンシップ事業に参加し、うち二名が定住した。一方、東京と中越を隔週で行き来して畑を耕す参加者もいれば、小学校の先生となって農山村での経験を子どもたちに伝えている参加者もいる。修了後も、農作業や行事などさまざまなお手伝いを行っている参加者は多い。修了生たちが言う。

「これからは、実家に帰る感覚で集落に帰れる」

お世話になった地域は、彼らにとって「行く」場所ではなく、「帰る」場所なのだ。仮にその地域に住み続けなくても、これも一つの担い手のかたちなのかもしれない。

こうした若者の活躍を見て。近隣の集落から「あんな若者が来てくれるなら、うちでも受け入れたい」という声があがってくる。それが募集地域の増加につながり、二〇一四年度は七地域の受入募集に対して、一五地域から「ぜひ受け入れたい」という要望をいただいた（その後、調整して一二地域（一七七ページ表12）で募集し、定員に達したところで締め切る方式とした）。

三年目を迎えたいま、受入側の需要は確実に増えている。被災した集落では、ボランティアとの交流によって、どちらかというと閉鎖的であった集落が、開かれた集落に変わっていった。交流事業に取り組む集落も増えたが、一年間にわたって外部から人を受け入れた経験がある集落はほとんどない。そうしたなかで、よそ者を受け入れようという意識が醸成されてきたことは、イナカレッジの一つの成果と言える。

旧小国町では、農業生産法人や地域内の組合組織、複数の集落が連絡会を結成し、地域ぐるみでインターン生を受け入れる体制をつくった。インターン生が仲介役となって、あまりかかわりがなかった集落や組合などのつながりが育まれ、新たな集落・団体間の連携事業がスタートする動きも見られている。旧山古志村でのインターンシップをきっかけに数カ月間地域活動し、東京に戻って結婚した一年後に、突然小千谷市にやって来た女性もいた。

「旦那と一緒に引っ越して来ようと思います」

単年度の成果だけではなく、また移住者の数だけではなく、多様な評価軸があってしかるべきだろう。前述したように、インターン生というよそ者の受け入れによって、地域にさまざまな変化が生まれているのだから。

現場でのコーディネーターの存在意義

「自然が豊かで、そこに住む人たちは素朴で」というようなキラキラとしたイメージを持ってインターンに申し込む人も、少なくない。それは決して間違ってはいないが、キラキラしたイメージの裏側には、その何十倍もの地道な努力や苦労がある。イナカレッジのインターンシップは、それらすべてを体験したうえで、地域の魅力を感じてほしいと考えている。

長期プログラムでは、草取りなどの単純労働もあれば、小学校跡地を活用した宿泊施設の清掃、農家レストランでの接客、ときには事務処理など、地味な作業を行う機会もある。その際、「安い労働力として使われている」とインターン生が思ってしまうときもある。同じ作業を行っていて、そう感じるインターン生もいれば、楽しく取り組むインターン生もいる。そこで、私たちは地域の皆さんに、こうお願いしている。

「インターンシップという制度は、参加者に多くのことを学んでいただく制度です。実際の作業で労働力として活用する側面が出てくるのは致し方ないけれど、何のためにその作業を行うのか目的を話し、技術や知識を教えるなど、人材育成という側面を考慮してください」

実際、トラブルの発生は、突き詰めていくとコミュニケーション不足に起因する場合が多い。また、短期プログラムではよりケアが必要だ。たとえば農作業中心の二週間のプログラムであれば、受け入れる地域にとっては、ようやく作業に慣れてきたところで、インターン期間が終わってしまう。地域の人たちから見れば、「教えるのに時間と手間がかかっただけだ」となりかねない。それでも、インターン生を受け入れる意味は何か。

たとえば二〇一四年度は、旧小国町の法末《ほうすえ》集落で、一〇年間の復興の歩みをまとめるために、支援員と住民へヒアリングを行い、住民とともに復興過程を振り返る二週間のインターンプログラムを実施した。よそ者を受け入れた経験がなかった旧高柳町の山中集落では、初めて一カ月間インターン生を受け入れる。そして、農作業や集落の行事を体験しながら、よそ者の視点で集落の良いところや課題を取りまとめ、集落の若者と一緒に、山間部の小さな集落で暮らす意味を考える。

いずれも作業が目的ではない。法末集落では復興の振り返り、山中集落ではよそ者目線の意見が目的だ。インターン生にとっては、ヒアリング調査とそのまとめ、インターン期間中に感じた集落の印象のまとめがミッションとなる。このように、長期プログラムも短期プログラムも、「なぜインターン生を受け入れるのか」という目的と、インターン生のミッションを明確にしないと、受入地域にも参加者にも不幸な結果を招くことになる。

ここで重要なのが、現場に近いところで活動するコーディネーターの存在である。その役割は、事前に地域でインターンの目的やミッションを明確にし、期間中の地域とインターン生とのコミュニケーションを円滑にすることである。だから、コーディネーターは地域住民との信頼関係があり、常に地域側の目線とインターン生側の目線の双方の視点に立てなければならない。

二名の事務局だけでは、現場の細かい点まで気を配ることができない。そこで、私たちは支援員や地域づくりＮＰＯと連携して、完全とはいえないものの、現場に即した体制づくりに努めている。

後継ぎインターンという試み

農山村では、商店や事業者がどんどん減っている。理由は二つだ。一つは儲からないから。もう一つは、儲からないわけではないが、高齢になって体力的にきついから。イナカレッジでは後者に着目し、商店や事業所を閉じようとしている人と、地方で新たに商売や事業を始めたい都市生活者をマッチングできないかと考えている。

もちろん、一足飛びに「商売を譲ります」というわけにはいかない。お互いの信頼関係がなければ、商売の継承は実現しない。では、信頼関係を築くためにインターンシップ事業を活用できないだろうか。これは、鳥取大学の筒井一伸准教授が提唱する「継業」という考え方にもとづいている。

こうして二〇一四年度から「後継ぎインターン」と称し、「後を継いでくれる人がいれば商売を譲りたい」という農山村の商店や事業者を受入先としたインターンシップ事業を始めた。十日町市で試験的に募集したが、参加者の決定には至っていない。二〇一五年度から本格的に動き出す予定だ。今後どのように地域の活性化に寄与できるのか・できないのか、私たち自身もまだ未知数である。

最近、定住対策として移住者の起業を支援する仕組みが全国的に広がっている。しかし、ゼロから新しく生み出す起業に比べて、継業の場合は、施設や設備などのハード面、さらには顧客や取引先という経営資源の土台があるから、それを引き継いだうえで、自分なりのイノベーションが可能だ。

この「後継ぎインターン」の取り組みが実績をあげられれば、空き家バンクならぬ「商売を譲ってもよい商店バンク（後継ぎバンク）」を中越地方、さらには新潟県下に広げられないかと考えている。そして、「商売を始めるなら新潟」という機運を創りあげていきたい。

地方に「興味・関心がある層」への働きかけ

イナカレッジの広報戦略は、インターンシップ事業のＰＲもさることながら、その先にあるムラの暮らし、人の魅力や思い、お金ではない価値をどう見せるか・伝えるかに主眼をおいている。では、私たちが狙うターゲット層（都市部に住む二〇代・三〇代の若者）にきちんと情報が届いているだろうか。

たとえば大学生をターゲットとすれば、各大学に情報を提供すればよいだろうが、地方志向の若者、とくに社会人の場合、一塊のコミュニティがあるわけではない。二〇一四年度は募集直後に七名の定員に達したが、情報発信については、まだまだ手応えを感じられていない。

図13　地方移住志向の段階

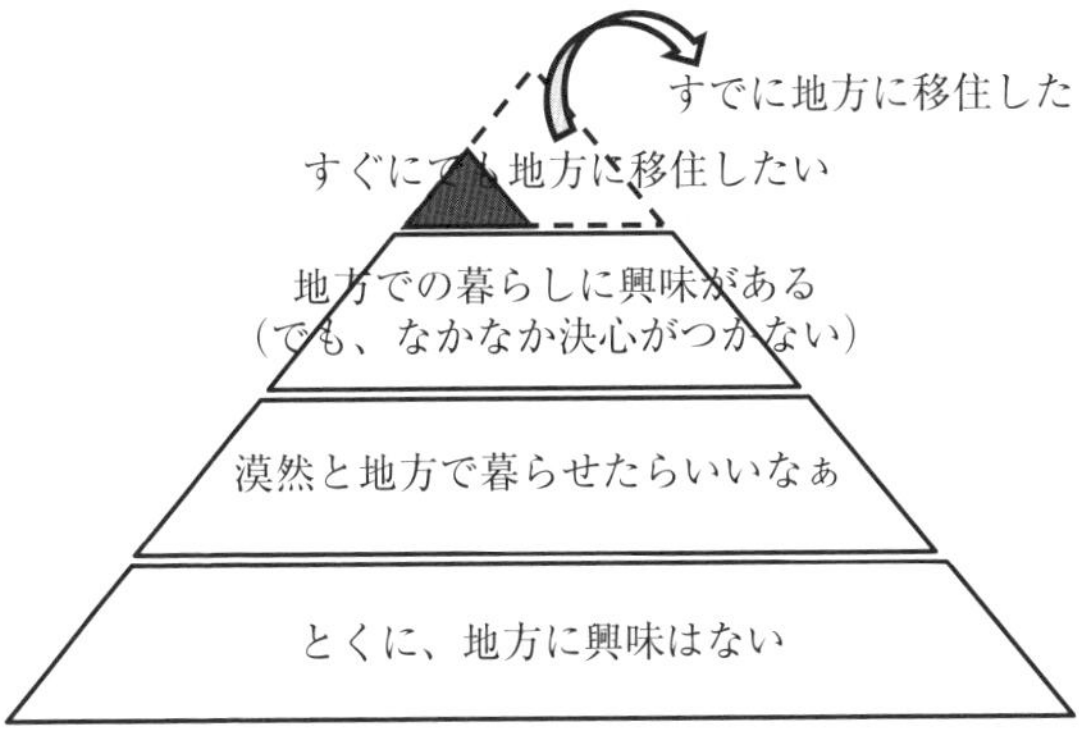

一般的には都市から地方へという動きは加速していると言われる。二〇一四年に内閣府が実施した「農山漁村に関する世論調査」では、二〇代のうち農山漁村への定住願望が「ある」(一〇・七%)、「どちらかというとある」(二八・〇%)と、四割近くが農山村への定住意向をもっている。

また、地方への移住を促進する認定NPO法人ふるさと回帰支援センターによれば、地方への移住相談が急増しているという。来訪者は二〇一〇年度の二六六五人から一三年度は八四二〇人と、三年間で三倍以上に増えている。来訪者アンケートによると、二〇代〜四〇代の割合は、二〇一〇年度の四七・五%(推計一二六六人)から一三年度には五四・〇%(推計四五四七人)に増加した。

地方(農山村)への移住志向の都市住民のなかには、すぐにでも移住したい層から、漠然とした願望を持つ層までいるだろう（図13）。「すぐにでも移住したい」若者は、おそらく「地域おこし協力隊」や「田舎で働き隊」などの公的な移住支援制度を活用し、相当数がすでに移り住んでいると考えられる。

すると、都市から地方へという人の動きをさらに生み出し続けていくためには、その手前の「興味・関心がある層」「漠然とした憧れ層」が移住をいかに現実のものとして考えられるかが重要になる。そのためのサポートとして、インターンシップ事業だけでなく、より手軽な感覚で農山村を肌で感じてもらう仕掛けが必要である。

そこで、都市で働く女性向けに、「『脱・東京』という選択〜よくばりな二〇代女子の生き方を探る〜」を開催した（二〇一四年三月、東京都渋谷区）。移住女子が農山村の暮らしや生き方をトークショーで紹介し、都市の若い女性との交流を図るイベントである。地方での暮らしに興味がある人を対象にした「地域仕掛け人ナイトinしごとバー」（二〇一四年七月、東京都港区）も開催した。お酒を片手に中越地方を紹介し、参加者の地方への思いを聞き、お互いに連絡先を交換し合うイベントだ。

これらは、インターンシップの事業説明会でもなければ、移住相談会でもない。もっと気軽な気持ちで参加できる、いわば飲み会だ。参加者からは中越に行ってみたいという声をいただき、これから地域づくりの現場をめぐるツアーを企画している。

また、インターンシップ事業のPRを行う場合も、イナカレッジ単体では発信力が弱い。そこで、全国の農山村でインターンシップ事業などに取り組む組織と連携し、都市部の若者に農山村の取り組みをＰＲする「日本全国！地域仕掛け人市」を開催した（二〇一四年五月、東京都品川区）。参加者は一〇代後半から三〇代前半までの約四〇〇名。イナカレッジのブースには約八〇名が説明を聞きに訪れた。来年度以降も、継続していきたい。

これらは、都市にいながらにして農山村の雰囲気が味わえる試みである。そこでは、インターネットやフリーペーパーなどの一方向の発信ではなく、直接顔を合わせて対話する双方向の交流を意識している。

農山村への漠然とした憧れ層はほとんどの場合、移り住みたい特定の地域はない。私たちからすれば、早い段階で新潟・中越との関係性を育んでいくことが重要である。最初は手軽な交流から、短期間のインターンシップ、そして本格的な移住へという流れを生み出していきたい。一見遠回りかもしれないが、都市から地方への流れを生み出していくための私たちの考え方である。

〈金子知也〉

3 オンナショ2・0――移住女子という生き方

新しいライフスタイル

いま日本中で「女性の力」が注目を集めている。安倍晋三政権のアベノミクスでも、「女性が輝く日本」と題して、女性の社会進出が重要課題の一つにあげられた。

一方、農山村の女性は別の視点で注目を集めている。それは、二〇一四年五月に日本創成会議が発表した推計である。その推計によると、現在の出生率と地方からの人口流出が続くとすると、二〇四〇年までに若年女性(二〇～三九歳)の人口が五〇%以上減少し、消滅する可能性がある市区町村は全国に八九六、人口が一万人未満となり消滅の可能性が高い市町村は五二三にのぼるという。

この発表は、日本中に衝撃を与えた。しかし、実際には、農山村での暮らしを選ぶ女性たちが増えている。彼女たちは、農山村の人びとの豊かな暮らしや人柄に惹かれて、移住を選択した。彼女たちは「移住女子」と呼ばれ、世間から注目され、新しいライフスタイルのロールモデルとなりつつある。本稿では三人の移住したオンナショ(女衆、女性)の生き方を紹介する。

生きる力を養いたい――栗原里奈さん（一九八六年生まれ）

私は結婚を機に移住したので、「必然的に来ざるを得なかった」と見られますが、もともと「地方に移住したい」という気持ちがありました。

生まれ育ったのは千葉県の松戸市です。夏休みはよく、静岡市郊外の親戚の家に両親に連れて行ってもらったのですが、江戸時代に建てられたその家の縁側が大好きでした。外から吹き流れる優しい風、鳥の声や葉のかすれる音、流れるゆったりした時間。いまでも、その感覚や日々を覚えています。ところが、自宅に帰ると周囲は家ばかり。ゆったりした時間を過ごす場所や余裕は感じられません。徐々に、「縁側のある家でゆったり暮らしたい」という気持ちが芽生えていきます。

短大を卒業後の仕事はカスタマーエンジニアでした。灰色と黒の機械がたくさんある環境で働くうちに、自然と目が緑のものに向かうようになります。そして、自然を体感したいという目的で、二〇一一年二月に岩手県遠野市へのツアーに参加。馬搬《ばはん》職人さんが新月のときに切った木を馬で山から運ぶ伝統的な作業（地駄引《じだび》き）を見たり、休憩時間に職人さんが雪の上で火を焚いて、沢から汲んできた水を沸かしてコーヒーを飲んだりするなどの体験をしました。

職人さんとしては、なんてことないかもしれません。でも、火はガスコンロのスイッチを押してつけるもの、お水は蛇口をひねると出るものという頭があったので、衝撃的でした。この経験から、「自然に沿った暮らしをしてみたい」と強く思うようになります。

移住の気持ちを後押したきっかけは、東日本大震災でした。震災後、スーパーに行き、お米を買いに並んだら、目の前で売り切れてしまい、「このままではダメだ」と思ったのです。物流に頼った都会の脆弱性を強く感じるとともに、都会の暮らしは生きる力を奪っていくと感じました。震災の四カ月後に行った旧川口町の木沢集落では、中越地震で道路が寸断されて孤立しても、自分たちが作ったお米、野菜、保存食で十分に食事ができたし、亀裂の入った道路を自力で直して自衛隊が入れるようにしたそうです。

遠野や川口で生きる力の強い人たちに出会い、「何かを自分で育てる力、自分でつくる力、自分で考える力が、生きるうえで大切だ」という想いを強くしました。そして、それは地方でこそ養うことができるのではと考え、移住を望む気持ちが一層高まりました。

その後、長岡市内に住む夫との結婚を機に、二〇一二年四月に移住。当初は長岡市の市街地に住んでいましたが、二〇一三年一一月から川口で暮らしています。現在の仕事は地域ツアーの企画などです。自然に沿った豊かな暮らしを実現できるように、そして、地域の風土を継承して次世代に伝えられるように、少しずつ歩みを進めていきたいと思っています。

一割の喜びと感動がすべてをカバー——坂下可奈子さん(一九八七年生まれ)

私は香川県出身です。大学入学で上京し、卒業後の二〇一一年二月に十日町市池谷集落へ移住しました。いまは農業を生業としています。

大学では、法学部政治学科でアフリカの紛争解決が専門。当時は、どうしたら戦争や紛争がなくなり、平和をつくれるのだろうと考え、ケニアやルワンダにも行きました。でも、世界という大きな単位から変えようとするのではなく、まず身近な地域をよくすることが大きな幸せにつながるのではと、だんだん思うように。そして、欲望やエゴが渦巻く紛争の中で地域をよくするのは「心」なんだと気づきました。

そんなとき、難民支援サークルの活動をとおして、ＪＥＮという国際ＮＧＯを知ります。彼らが池谷集落で行っていた農作業ボランティアに参加したのが、池谷との出会いです。戸数六戸、人口一六人。半数以上が七〇代という池谷との出会いは衝撃でした。そこにあったのは、山と農に生きる人たちの強い生き方と、集落を存続させたいという強い思いです。東京にいたときは優秀なおとなにたくさん出会いましたが、池谷では力強く生きている人がたくさんいて、こんなおとなになりたいと思いました。

もう一つ、私の価値観を変えたものがあります。私は小さいころからスポーツが好きで、よく食べ、太りやすかったので、女子にしてはガタイがよく、コンプレックスでした。中学からいろんなダイエットを試み、痩せては太っての繰り返し。まわりに体型のことを言われると、自分を否定されたようで……。痩せたい、可愛いくなりたいと、苦しんでいました。結果、過食と拒食の狭間で、高校に行かなくなったときも。そして、池谷に来るとご飯が本当に美味しくて、いつも食べ過ぎて。

「あぁ、また東京戻ったらダイエットしなきゃ」とつぶやいたら、村の人が「なんで？　いまのままでいいのに」と言いました。

「そうは言っても……」

ところが、何度も池谷に通ううちに、作物が寄り添ってくるのでした。ブナ林から、豊かな土壌と水がゆっくり巡り、作物はそれを栄養に風に吹かれ、何度も星を見送り、何度も太陽を迎え、草刈りをする村人とともに、太陽に照らされています。作物の小さな体には、長い物語とたくさんの風景、そして寄り添う人が詰まっています。その懐のなんと大きいこと。

「日本の隅っこの山奥で、農業をして、こんな私の食を支えてくれている人たちがいた」

そして、「笑って美味しそうに食べる可奈子の顔が一番いい」と言われ、徐々に自分のことも好きになりました。作物は心を変える。集落と農業を一緒に後世につなごうという思いに加えて、私自身の人生を変えるほどの食に対する価値観の変化が起こり、新たな挑戦を始めることにしました。条件の悪い山地、人が離れていく山地で、農業で生計を立てるのはとても大変です。九割は大変ですが、一割の喜びと感動がすべてをカバーしてくれます。なにより、山と人が好き。まだまだ私は挑戦の途中です。

村の人たちみたいになりたい——渡辺加奈子さん（一九八二年生まれ）

私は大阪府寝屋川《ねやがわ》市生まれ。いま暮らしている栄村（長野県）と比べて、人口は約一〇〇倍、面積は一〇分の一です。自然にはほど遠いところで育ち、大学に行くまで都会の生活しか知らずに生きてきました。栄村を知ったのは、大学での調査研究です。そのころ、ムダな公共事業や市町村合併が問題になっていて、栄村の当時の村長・高橋彦芳さんが書いた『自立をめざす村』(岡田知弘氏との共著、自治体研究社、二〇〇二年)を手にし、訪れることに。

そこで、「都会とは違う世界がある」と気づかされ、栄村そのものに惹かれていきました。大学卒業後は母校の事務職員として就職し、休みのたびに大阪から七時間以上かかる栄村へ。テーマパークもない、目立った観光スポットもない。でも、通う。ただ栄村の人たちに会いに行き、お茶飲みしておしゃべりするのが、楽しかったんです。

そうやって通い続けることで、栄村をより知ることになりました。いままで食べたことのないお米や野菜の美味しさ、ほっとする自然環境、暮らしのすべてが自然にもとづき、そこから身につけている知恵と技術、共同の精神。何よりも、よそ者の私を温かく迎え入れる人たち。人も、時間も、価値や優先順位の基準も、都会とは違いました。集落での付き合いや無償の共同作業が大事にされていて、自分中心ではなく、他人や地域のために働いていました。そんな価値観にふれて、いつしか思い始めました。

「栄村の人たちみたいになりたい」

そして、「とりあえず一年住んでみたい」という思いで仕事を辞め、二〇〇八年四月に青倉集落へ移住しました。地元のNPO法人栄村ネットワークに所属し、都市農村交流や、農産物の直売を行い、気がついてみたら六年が経過。小さいながら（手入れが悪いが）田畑を借りて自家用のお米や野菜を作り、郷土料理もいくつか覚えました。

けれど、最初に来たころと村の様子は少しずつ変わってきています。直接的には、二〇一一年三月一二日の長野県北部地震です。おじいちゃん・おばあちゃんたちのパワーがガクンと落ちたように感じます。田んぼが作られなくなったり、原付バイクに乗って野へ山へ出かけていたのに、バイクが倉庫の中で眠っていたり。私が好きなのは、おじいちゃん・おばあちゃんたちがつないできた暮らしです。里山で山菜をはじめ食べるものを採取し、料理する。自然とうまく付き合いながら暮らす。それが人間本来の暮らし方ではないでしょうか。

後継者と言われる世代は、サラリーマンが増えています。村の暮らしを続けられる人がどれぐらいいるのだろうと思うと、すごく少ない。私は村の暮らしを自分が受け継ぎ、次世代へつなぎたいと強く思うようになりました。

そんな思いで、「あんぼの家」（あんぼは栄村の伝統食おやき）をつくりました。古民家を拠点に、栄村の郷土食を学んだり交流できる場です。ここを「受け継ぐ場・つながる場」にしていきたい。最近は若いIターン者とUターン者が増えつつあり、この七年間で二〇人以上にもなりました。彼らと一緒になって、栄村をずっと続く村へしていきたいと考えています。

図14　男女による価値観の比較

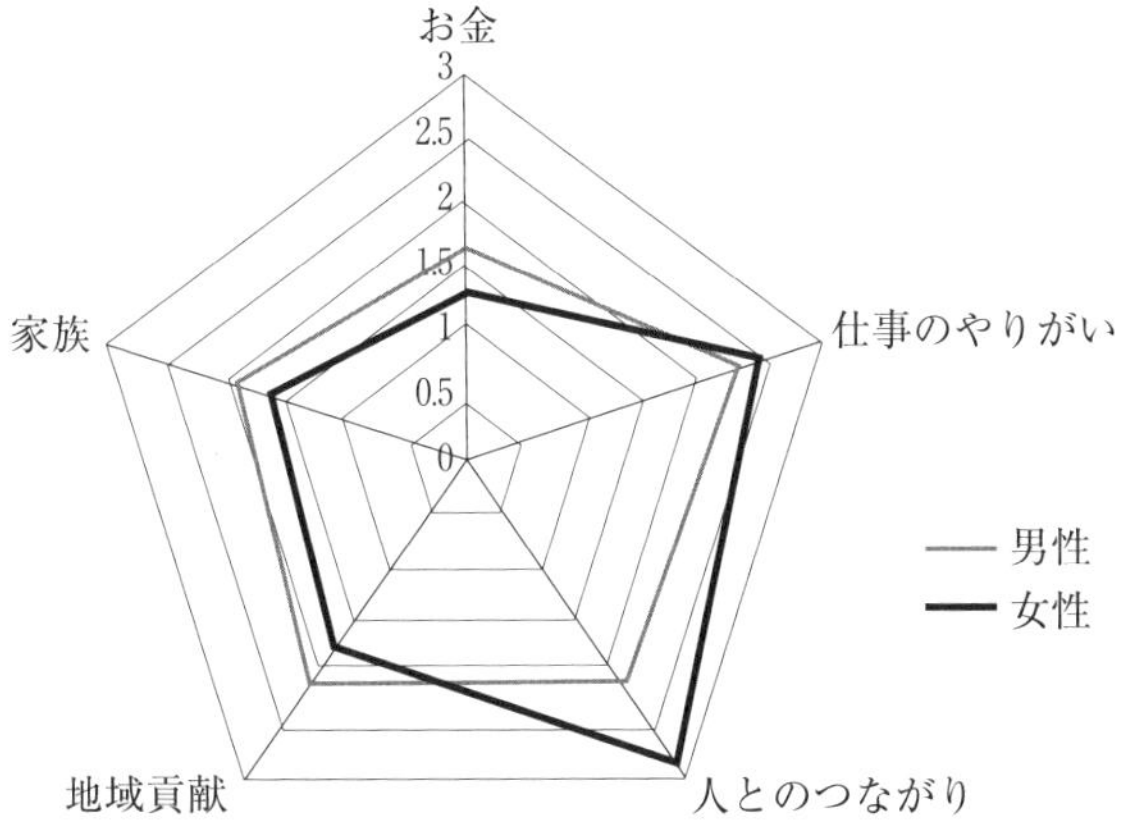

生きる力・つながりを求める

「村の人になりたい」「村の人のような生き方をしたい」が三人の共通点である。そして、こう考える女性が増えてきている。「日本全国！地域仕掛け人市」で実施したアンケート調査（二〇一四年五月、対象者数三八一、回答者数一七一、回答率四五％）を紹介しよう。ここでは、「若者が何を求めて農山村を目指すのか」を調査するために、地域で暮らすうえでの価値観を五項目（お金、仕事のやりがい、人とのつながり、地域貢献、家族）に分け、合計で一〇ポイントになるように振り分けた。

男女を比較すると、男性は仕事のやりがい、女性は人のつながりをもっとも重視している（図14）。三人の移住の経緯にもあるように、女性は住民とのつながりを求めているのだろう。

次に女性の二〇代と三〇代を比較してみると、二〇代ではつながりを重視しているのに対して、三〇代で

図15　20代と30代の女性の価値観の比較

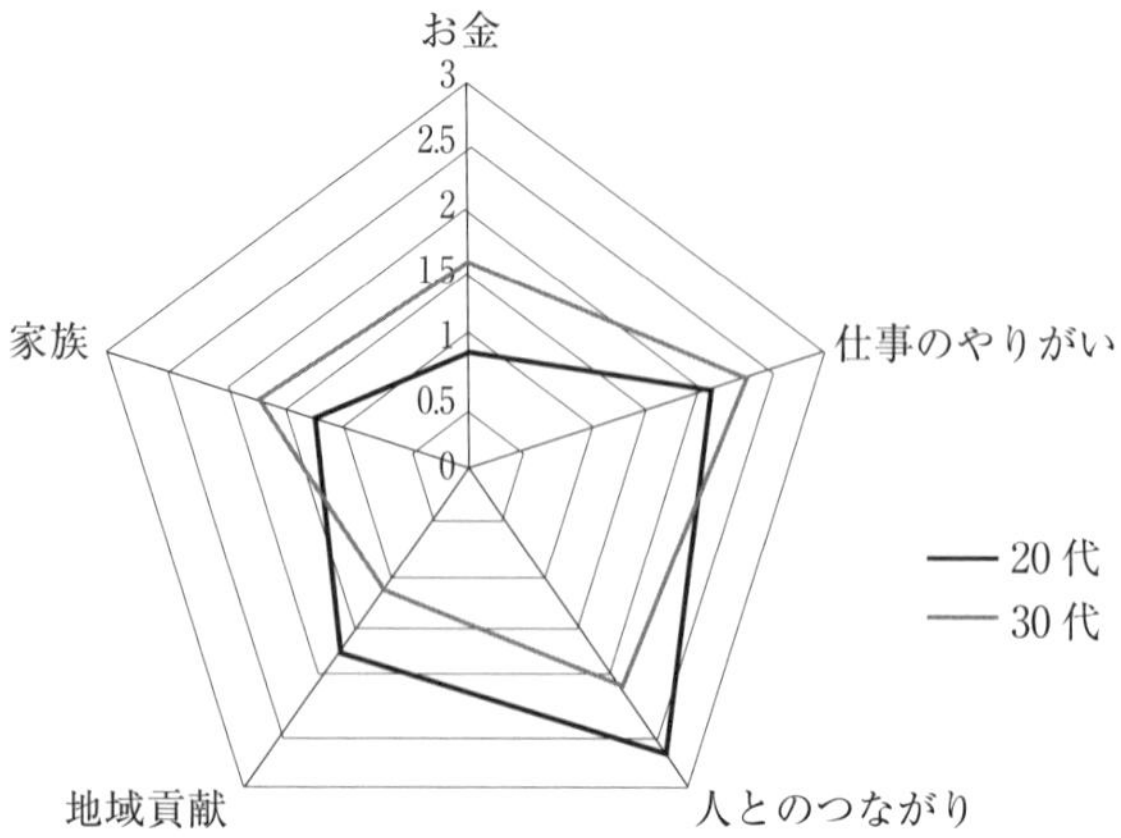

は仕事のやりがいを重視しており（図15）、キャリアアップのステージとしても地域を捉えている。しかし、農山村に「雇用」の場は少ない。「仕事」を自分でつくりださなければならない。その仕組みとして、農山村の価値を発信する移住女子たちの活動を紹介しよう。

農山村のフリーペーパーの発行と活動の広がり

移住女子たちの活動の目的は、中山間地域の暮らしを発信し、地元住民、新潟を離れた人、地方の暮らしに興味がある人などが中山間地域とかかわるきっかけをつくり、地域を次世代につなぐことである。その大きな柱が、自身がライターを務めるフリーペーパー「ChuClu（ちゅくる）」（中山間地域に来る、中越に来るに由来）の発行だ。資金はクラウドファンディングを活用し、寄付を募った。寄付金額は当初目標の三二万円を大きく上回り、一〇五万円にものぼったという。こうして、二〇一三年八月の創刊以来、年四回二五〇〇部を発行している。

ChuClu のコンテンツは大きく「中山間地域の暮らし」と「移住女子の暮らし」に分けられる。前者には、「まないたリレー」「会いたいせがれ」「やまプロ」がある。地域の「食」「人」「コト」を紹介する「まないたリレー」では、郷土料理と、郷土料理を作る人を紹介する。地域のせがれ（家の長男）をインタビューする「会いたいせがれ」は、女性ならではの視点だ。後者は「リアルむらぐらし」といったタイトルで、移住した女性の恋愛事情や収入、仕事など地域で暮らしているからこそわかる内容や悩みをつづっている。

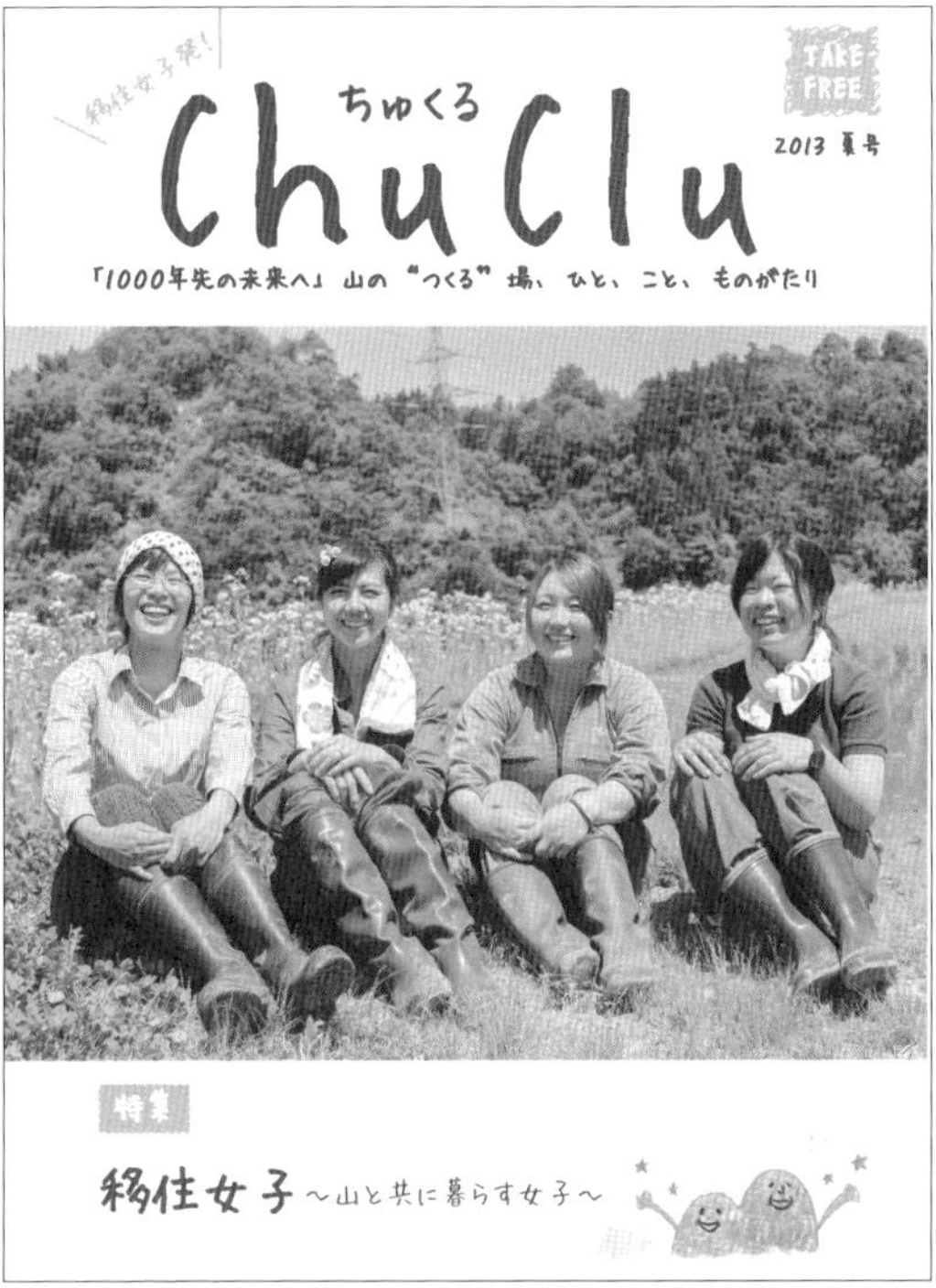

ChuChu の表紙。左から渡辺加奈子さん、栗原里奈さん、坂下可奈子さん、五味希さん

こうした女性ならではの視点から地域の情報を発信し、移住志向者や地元に貢献したいという思いを持つ

図16　地域と移住女子が儲かる仕組みづくり

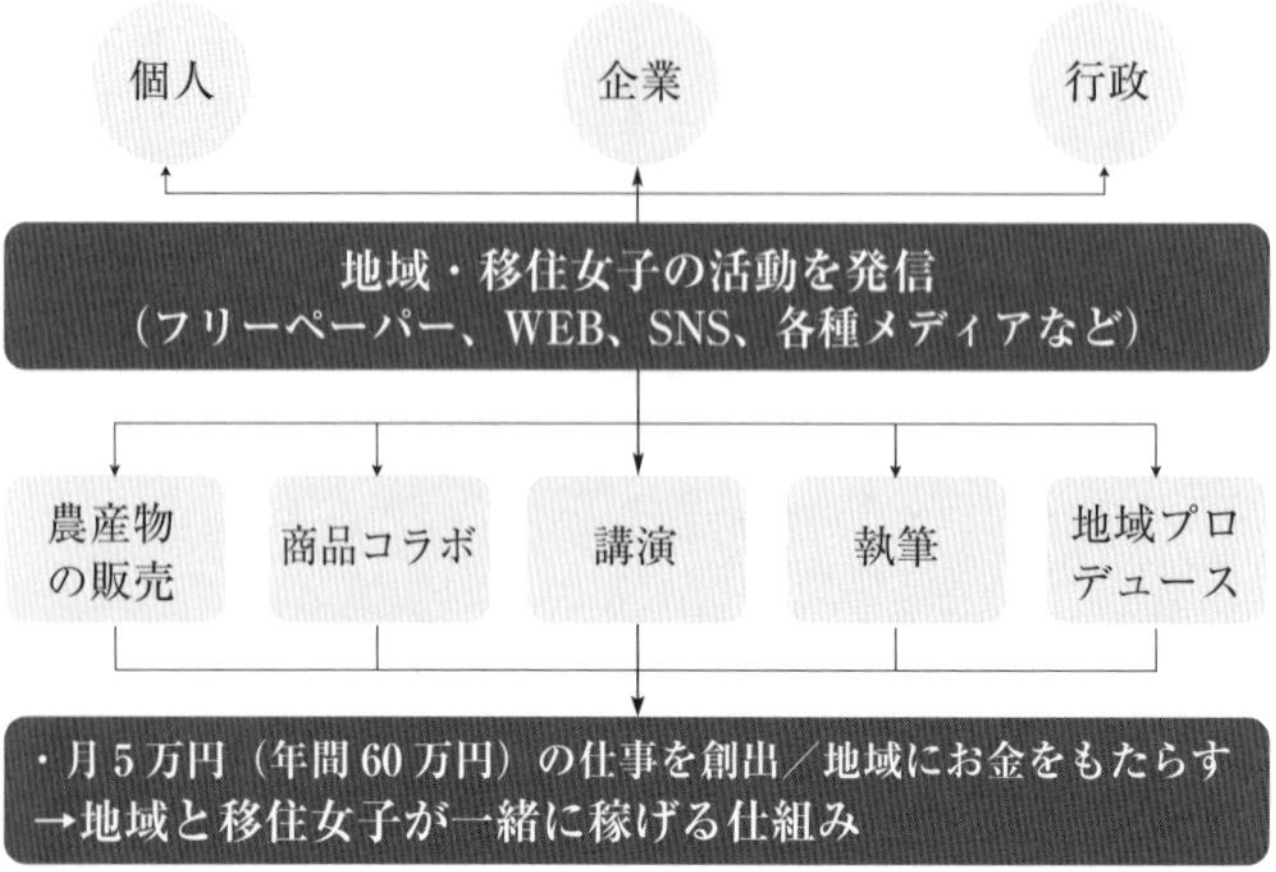

人に届けるフリーペーパーである。

また、地域のＰＲに加えて、コミュニティ・ビジネスにもつなげている。まず、地域のお米、野菜、山菜の販売。クラウドファンディングの寄付者にお礼として送るほか、通信販売サイトの運営、地元の飲食店へ卸す。次に、地元の飲食店との共同メニュー開発。移住女子や地域の農産物を使った定食やパフェを開発し、売り上げの一部を発行費にあてている。

さらに、移住女子の活動がテレビ番組「報道ステーション」、ＪＲ東日本の社内誌『トランヴェール』など多くのマスメディアに取り上げられた結果、地元新聞社の連載執筆、各種講演会、イベントへの参加など活動の幅が広がった。今後は、加工品開発やツアーなど地域資源を活かした地域プロデュース業も行う予定だ（図16）。

仕事を組み合わせて中山間地域で生きる

移住女子の活動は自身の仕事と生計に直結している。仕事と言っても、それだけで収入のすべてをまかなおうとしているわけではない。そもそも、中山間地域の暮らしは複数の生業を組み合わせて成り立っている。言葉の本来の意味での「百姓」である。

現代版百姓は、農業、農業生産法人などの短期事務員、除雪、ツアープロデューサーなど、「自分のやりたい仕事」「自分のスキルを活かした仕事」「地域のニーズに合わせた仕事」のバランスを取りながら、生計を成り立たせている(それぞれの収入は、一カ月三〜一〇万円程度)。移住女子たちも農業、地元新聞社の事務、ツアーの企画などを掛け持ちしており、現代版の百姓といえる。

中山間地域は、食料やエネルギーの供給、治水など重要な役割を果たしている。また、今日の日本は生き方が多様化し、地方重視の若い世代が増えてきた。中山間地域は、若い世代が活躍できる舞台の一つでもある。中山間地域が担う役割は大きく、これからも守り続けていかなければならない。

そのためにも、移住女子たちが新しい生き方のロールモデルとなり、全国の中山間地域に移住女子が増え、一〇〇〇年先も中山間地域が続いてほしい。今後の彼女たちの活躍にますます期待したい。

〈日野正基〉

4 復興が生んだ農山村ビジネス――山古志のアルパカと農家レストラン

風土に適した動物

中越地震から約二カ月が過ぎた二〇〇四年一二月、アメリカから「山古志村にアルパカを寄贈したい」という話が舞い込んできた。コロラド州でアルパカ牧場を営むシュガーマン典子さんが、山古志の復興ボランティアに参加した友人から、住民たちが仮設住宅での生活を余儀なくされているると聞き、山古志が元気になってほしいとの思いから寄贈を思い立ったのだ。そして、帰村を果たした二〇〇七年に、当時の長岡市役所山古志支所長(現在は(株)アルパカ村代表(村長))の青木勝さん(一九五〇年生まれ)を中心に、受け入れに向けた準備を始めた。

アルパカをどう地域に定着させ、活性化につなげていくかが、青木さんの課題となる。形式的には長岡市に寄贈されるが、行政任せにしてはならない。一方、観光牧場として運営するには、多くの種類の動物が必要になる。毛を使って製品として売り出すには、一〇〇〇頭規模でなければ成り立たない。さらに、既存の那須(栃木県)などのアルパカ牧場と、どう差別化が図れるのか。

南アメリカ大陸原産のアルパカは、一般的には良質な毛を採るための産業動物として飼育されているが、寄贈されるアルパカは「癒し動物(ペット)」として育てられ、人懐っこいという。その特徴を活かすためには、「キャラクタービジネス」(親しみやすさや癒しなどの特徴を活かして、サービスや商品の販売を行う)しかないと青木さんは考えた。折しも、日本では化学メーカーのクラレがテレビCMでアルパカを登場させ、知名度が高まった時期でもある。

ラクダ科のアルパカは牛と同じ偶蹄目《ぐうていもく》、端的に言えば牛の仲間である。山古志は約一〇〇〇年にわたって闘牛が継承され、牛を飼うことは村人の生活の一部だから、飼育技術に心配はない。また、錦鯉発祥の地でもあり、鯉を観賞用に飼う文化を世界に広めてきた。錦鯉というキャラクタービジネスを生んだ地域でもある。アルパカは山古志の風土に適した動物と言える。

キャラクタービジネスの体制づくり

では、キャラクタービジネスをどんな体制で行っていくか。馴染みのない動物を地域に浸透させるためには、できるだけ多くの住民に参画してほしい。とはいえ、高齢者が多い事情を考えると、参画できる人が可能な範囲でかかわり、その分の対価をしっかりと支払える仕組みが望ましい。また、ビジネスにはスピーディーな決断が求められるが、一人一票の組合組織は合意形成に時間と手間がかかる。みんなで決めてみんなで責任を取る形は、なかなか意思決定ができず、誰も責任も取らない体質に陥りやすい。組合組織はビジネス面では不向きとも言える。

そこで青木さんは、多くの人の参画と意志決定の迅速さを両立させる仕組みとして、二層構造による運営を考え出した。アルパカの管理は飼育組合(油夫《ゆぶ》集落では「油夫飼育組合」、種苧原《たねすはら》集落

アルパカを見に多くの人たちが訪れる

では「種苧原飼育組合」を設立）で行い、毎日のエサやりを担当する。事業は株式会社が担う。飼育組合参加者にはできるだけリスクをなくし、株式会社が権限を持って責任を負う形式だ。

こうしてスキームが決まり、二〇〇九年一一月二日に、雄一頭、雌二頭がやってきた。その愛くるしい姿と人懐っこさに、子どもからお年寄りまで、一瞬にしてアルパカの魅力に取りつかれた。「可愛い」という村人の声があがったとき、「これはいける」と青木さんは確信したと言う。新しい「村のアイドル」が誕生した瞬間である。

翌日から一般公開し、翌年にはアメリカで育てられたアルパカを購入して、頭数を増やしていった。さらに、冬の豪雪や夏の暑さに適応できるかを見定めたうえで、二〇一一年一一月に「株式会社山古志アルパカ村」を設立。代表には市役所を退職した青木さんが就いた。

現在、油夫集落と種苧原集落にアルパカ牧場がある（当初は油夫集落で始め、二〇一三年に種苧原集落にも開設）。二〇一四年八月現在、油夫集落に一九頭、種苧原集落に一四頭。人口一二〇〇人の地域に、週末になると一〇〇〇人、多いときは二〇〇〇人もの観光客が訪れ、山あいの小さな集落に車が列をなす。観光客は小さな子どもを連れたファミリーから中高年までさまざま。若いカップルのデートスポットにもなっている。なお、一つの地域でまとめて管理すると、病気が発生した際に蔓延する可能性があるため、リスク分散の意味で県の北端に位置する村上市でも七頭を管理している。

アルパカを活用した新たなビジネス

お客さんの一〇人中八人が「入場料はいくらですか」と聞くという。だが、山古志アルパカ牧場は無料で、誰でも見学できる。

入場料を取ると、料金に見合ったサービス（おもてなし）をしなければならない。数十台、数百台の駐車場を整備しなければ、納得してもらえない。外から見えないように、囲いも設けなければならない。だが、そんな大掛かりな整備はできない。しかも、入場者が外に出て行かないようにオール・イン・ワン（複数の機能が集約された形式）でサービスをしなければならない。休憩室、食堂、土産物屋……。これもまた大変である。

図 17　(株)アルパカ村設立時のビジネススキーム

アルパカを活用した山古志地域におけるソーシャルビジネス創出事業
1　生体ビジネス
2　毛製品ビジネス
【利益の確保】
株式会社山古志アルパカ村
アルパカ牧場運営委託
体験交流ビジネスのアドバイス
【若者の雇用】
統括マネージャー
生体ビジネス担当者
毛製品ビジネス担当者
アルパカ牧場運営担当者
油夫飼育組合
アルパカ牧場の運営
体験交流ビジネスの推進
2 つの牧場設置による山古志地域の回遊性の確保
種苧原飼育組合
アルパカ牧場の運営
体験交流ビジネスの推進
集客増
1000 人／日
2013 年集客
実績(土・日)
山古志地域全体の活性化
コミュニティ・ビジネスのバックアップ
【利益の還元】
直売所
体験交流
民宿
施設
牛の角
突き
錦鯉
産業
農園
レストラン
グッズ
販売

そこで、無料にした。その代わり、サービスは山古志全体で提供する。アルパカ牧場は、人を呼び込むための集客装置（ゲート機能）に徹する。これが（株）山古志アルパカ村の考え方だ（図17）。

では、どこで売り上げを得ているのか。アルパカを各地にリースしたり販売しているのだ。行政が所管する公園であればリース、民間のふれあい動物園などであれば販売というように、相手の都合に合わせる。行政機関の場合、資産として高額な生き物の所有はハードルが高いが、リース方式なら取り組みやすい。元行政マンである青木さんならではの発想だ。毎月安定的に収入が得られるから、経営にも貢献する。二〇一四年七月現在、二〇頭のリース契約を結び、約三〇頭を販売している。

山古志のアルパカの特徴は、一頭一頭に血統書がつき、個体識別が可能なことである。癒しキャラクターが看板だから、もっとも重視するのは、毛質ではなく健康管理だ。近親交配によって個体の異常が発生しないように、雄と雌とを別々に管理している。これは、他地域のアルパカ牧場との差別化を図るポイントの一つである。

そして、さまざまなイベントに出かけていく。一年間に四〇回にも及ぶ。実際、長岡市周辺ではイベント会場でアルパカと出会う場合が多い。会場にはガチャガチャが設置され、カプセルの中にはエサが入っている。一回一〇〇円。この売り上げもかなりの額になる。

アルパカの毛を使った商品も作っている。ただし、こちらは副産物的な要素が大きい。女性たちのグループが（株）山古志アルパカ村から毛を仕入れ、ぬいぐるみを製造・販売する。毛はオーガニック製品を扱う店からの注文もある。ただし、約五〇頭だから安定的な供給はできない。そこで、アメリカから毛を取り寄せて販売している。これは、商社としての事業と言えるだろう。二〇一三年度決算では約一五〇〇万円の売り上げで、一四年度は二〇〇〇万円近くが見込めそうだという。今後は、株主(一五人、七割が山古志住民)への配当も考えている。従業員は青木さん以外に三名だ。

最新鋭と「最素朴」の融合

アルパカ牧場の隣にはぬいぐるみなどのアルパカグッズや地元野菜を販売する店が営業を始め、お年寄りや女性たちが接客している。種苧原牧場では、土曜・日曜のみ営業のそば屋もオープンした。お客さんは山古志の食堂やカフェ、農産物直売所にも寄っていく。牧場が集客装置となり、地域ぐるみでお客さんをおもてなしすることで、経済循環が生まれている。住民たちも、外から来たお客さんを牧場に連れて行くことが多い。アルパカはすっかり山古志の一部になっている。

猛暑によって死んだり、流産や死産などの苦労もしてきた。一方で、青木さんは「キャラクタービジネスとしてのアルパカは、まだまだ需要がある」と言う。実際、リースや販売の件数、イベントへの出展依頼や相談は年々増え続けている。だからと言って、頭数を増やしすぎて人の目が行き届かない状態になると、アルパカは野生化してしまう。そうなると、キャラクタービジネスとしてやっていけない。そこで、一カ所での管理は二〇頭程度にとどめている。今後は、活性化に取り組む他地域へのアルパカ牧場のフランチャイズ展開も視野に入れているそうだ。

これまでに地域になかったアルパカという最新鋭の資源と、地域に脈々と受け継がれてきた牛や錦鯉などの「最素朴」の文化の融合。山古志のアルパカビジネスは、癒しを求める世の中の要請に適合した、地域全体を巻き込んだ新しい産業を生み出した。

女性たちの手で開いた農家レストラン

山古志の虫亀集落（二〇一四年四月現在、一一七世帯、人口三〇四人）に、農家レストラン「山のごっつぉ『多菜田《たなだ》』」（以下、多菜田）がある。長岡市の中心部から約二〇キロ、車で約四〇分。山の上に位置し、山古志に暮らす五〇～六〇代の女性たちが運営する。

多菜田には、地元で採れた安全・安心な野菜、山菜やキノコなどの山の幸を使った田舎料理を求めて、多くの人が訪れる。震災から四年が経った二〇〇八年にオープンし、一一時から一四時の三時間のみの営業だが、土曜や日曜は満員で入れないことも多い（定休日は月曜と木曜）。年間約七三〇〇名が訪れ、売り上げは約九〇〇万円だ。

「これまで、いろいろな方たちにお世話になった。その皆さんに恩返しができないだろうか」

二〇〇七年に山古志に戻ってきたころ、虫亀に住む女性四人の茶飲み話が、多菜田誕生の始まりだった。震災でお世話になった方々への感謝を伝える。いつ山古志に来られても、おもてなしができるようにする。私たちは「おかげさまで、元気にやっています」という姿を発信していきたい。そんな強い思いが立ち上げの理由だった。代表の五十嵐なつ子さん（一九五一年生まれ。以下、なつ子さん）が話す。

「母ちゃんたちが集まれば、いつも食べ物の話になる。それぞれ独自の調理の仕方があって、自分の作る料理に誇りを持っている。常々、山古志の食材は、平場と違った美味しさがあると感じていた」

震災前に虫亀闘牛場で開催されていた「牛の角突き」で、女性たちはおにぎりやキノコ汁などを販売していた。

「自分たちの作った、なんてことはない田舎料理を喜んで食べてもらえる」

そんな楽しさを経験していた女性たちにとって、自分たちの誇りである郷土料理で、おもてなしができれば、まさにやりがいがある。自分たちの技をフル活用しようと、感謝の気持ちを農家レストランという形で表現することにしたのだ。

なつ子さんは栄養士で、長岡市内の小学校で給食の献立を作ったり、調理の指導をしていた。とはいえ、農家レストランを開くと言っても、どう手をつけてよいのかわからない。そのとき、メンバーの一人が「中越大震災復興基金があるから、私たちの事業に対して支援を受けられるのではないか」と提案。早速、新潟県長岡地域振興局に相談に行くと、賛同された。

「お母さんたちのそんなアイディアを待っていた。ぜひ申請してほしい」

申請書の書き方から親身に相談にのっていただき、全面的な協力を得て、「地域復興支援事業（地域特産化・交流支援）」を活用し、約一五〇〇万円の補助金を受けられたという。店舗を建てる際には、なつ子さんはじめ創業メンバー四人が出資もした。

多菜田構想を話し合っていたころ、虫亀の今後のあり方を検討する「虫亀コミュニティ会議」で、集落の活性化に向けて「山古志に来た人が休む場所が必要。食堂や直売所をやろう」という意見があがる。そこで、なつ子さんたちは、当時の集落の区長・若槻敬さん（一九四三年生まれ）に相談した。

「私たちで食堂をつくりたいと考えている。でも、集落で食堂や直売所を立ち上げるのであれば、そっちに協力したい」

これに対して、若槻さんはこう答えた。

「おめさんらでやってみろ。集落では、道路に花を植えるとか、そばを植えるとか、やれることから始めていく。おめさんらに金銭的な協力はできないが、それ以外の部分で協力できることもあるはずだ。とにかく立ちあげてみろ」

この言葉が、なつ子さんたちを後押しした。集落の役員たちは、女性たちを連れて復興関係の会議やイベントに参加したり、復興に頑張る人たちとのネットワークづくりをサポートしていく。女性たちがレストランで使用する野菜を作るために、集落で管理していた畑も無償で提供した。なつ子さんは当時を振り返って言う。

多菜田のメニューは山古志のおふくろの味。写真の定食は1200円

「ほかにもいっぱい協力してもらった。集落の協力がなければ、いまの私たちはない」

山古志で活動する支援員や私たち中越防災安全推進機構も、微力ながら、ロゴマークの作成や広報活動のお手伝いをさせていただいた。こうして、コンサルタントがかかわることもなく、地域の人たちの応援を受けて、二〇〇八年一二月一六日にオープン。開業前から多くのメディアに取り上げられ、寒さが厳しい冬に、連日満員御礼のスタートを切った。

地域に根付いたサービス

多菜田は、なつ子さんを代表とする任意組合で運営している。メニューは、地元産野菜や山菜などを使った田舎料理。長岡市や新潟市など地域外の客が多く、多菜田定食(天ぷら定食、煮物定食)が人気だ。一流料亭とは違う素朴な山の味を求めるリピーターが多い。

「私らは大雑把な味付けしかしてないんですけど、喜んでくれるのはすごくうれしい」

営業時間外は提供を受けた畑で農作業に汗を流す。春には山菜、秋にはキノコを採りに山に入る。使う食材は、できるだけ虫亀集落で採れたもの、集落になければ山古志産。どうしても対応できなければ地域外産も使用するが、九〇％以上は山古志産だ。それは、地元で採れた安心・安全な食材を求めるニーズに応えるためであるとともに、少しでも地域にお金を落としたいという思いからである。

現在の運営は従業員三人、パート三人で、繁忙期には臨時でお手伝いを頼む。パートは虫亀在住者を中心に声をかけている。最初の半年間は、創業メンバー四人は無給で働いた。それは彼女たち自身の気持ちだった。

「働いてもらう人たちにちゃんとお金を払うことが第一。余裕が出てきたら、私たちももらうようにしよう」

半年後には経営の目途が立ち、創業メンバーに賃金が払える体制が整った。

冬はお客さんの数が激減し、三分の一から四分の一程度になる。「冬は店を閉じたらどうか」というアドバイスをいただくことも多いという。経営という観点から見れば、そのとおりだ。しかし、「いつでも山古志に来た人をおもてなしできるように」というコンセプトを守り、通年営業を続けている。比較的時間に余裕が持てる冬は、雪がとけてから何をやっていくか考えることが楽しいようだ。

二〇一三年の冬からは、配食サービスも始めた。虫亀集落のお年寄り対象で、おかずだけ三〇〇円、ご飯付きで四五〇円。当初は時間に余裕がある冬季限定と考えていたが、単に惣菜や弁当を届けるだけでなく、お年寄りの見守り活動という要素がある。そこで、通年で行うことにした。

「届けに行くと、一時間近く話を聞かなきゃいけないこともあるんです(笑)」

採算とは関係なく、お世話になった集落への恩返しの事業なのだ。

設立当時は、お客の九割以上が地域外。「山古志の人の利用が少なくて、本当につらい面があったんです」(なつ子さん)。しかし、最近は住民の利用も増えている。「外からお客さんが来たときに、多菜田に連れていくと喜んでもらえる」「多菜田に連れていけば間違いない」というのが住民の共通認識らしい。

また、住民たちはお客としてだけ来るのではない。自ら採った食材を「多菜田で使ってくれ!」と届けにも来る。「お世話になった人たちのために、虫亀のために、山古志のために」というなつ子さんたちの思いは、確実に伝わっている。

「今度お客さんが来るから、オードブルお願いね」

「お弁当お願いね」

「食べに来たよ」

そんな住民たちの言葉を聞くと、多菜田が地域の中で役立っている喜びを実感できると、なつ子さんは話す。

土曜と日曜には、小さな直売所も開く。虫亀に暮らす六〇～七〇代の女性八人が出荷する併設の直売所だ。何を出せば喜んでもらえるかを考えながらの農作業が生きがいの女性もいる。女性が元気になると、男性も協力する。直売所を始めてから、夫婦で一緒に農作業する姿が見られるようになったという。また、以前は男性が家事をするなど考えられなかったが、女性が忙しいので、男性も手伝いだしたそうだ。男性が家事をすると、わからないことが出てくるので、必然的に夫婦の会話が増える。

「今日はお客さんどうだった？」

男性たちも、いつも多菜田のことを気に掛けている。除雪や簡単な大工仕事は男性の役割だ。元気に働く女性の裏には男性の理解と活躍が隠されている。多菜田で働く女性の家は、どこも夫婦円満のようだ。多菜田の開店によって、微笑ましい変化が地域の中に生まれている。

感謝の気持ちと故郷への思い

多菜田は、中越地震の復興のモデル事例として取り上げられることが多い。それは、どちらかと言えば男性中心の農山村で、女性たちのエンパワメントが図られたという部分だろう。ただ、多菜田のすごさはそれだけではない。普通に考えれば店が成り立たないような立地条件でオープンした点にある。

もっとも、多菜田の女性たちにとってみれば、仮設住宅での暮らしから故郷に帰ってこられたことへの感謝の気持ちや自分たちの元気な姿を発信するためには、長く暮らしてきた虫亀で始めなければ意味がなかった。商売や利益が目的ではない。だから、やれない・できない理由をあげるのではなく、虫亀で成功・持続させるためにはどうすればよいのかを考え、工夫していった。

現在、なつ子さん以外の創業メンバーは体調などの理由からサポート役となり、新たな女性たちが加わった。ただし、継続していくためには若い人材が必要だ。そこで、「にいがたイナカレッジ」をとおしてインターン生を受け入れているが、後継者の確保までには至っていない。また、なつ子さんは「集落で飲める場所がないので、赤提灯もやっていきたい」と話している。これらは今後の課題である。

五十嵐なつ子さん。後ろに貼ってあるのは絵葉書、写真、有名人のサインなど。

なつ子さんは、東日本大震災以降、炊き出しや交流事業で東北を訪れた。東北から山古志に視察が来るときは、どんなに忙しくても、多菜田を立ち上げた思いを語る。中越地震の復興イベントにも欠かさず出席する。絶対に「ノー」とは言わない。こうした活動も、いままで以上にやっていきたいと言う。

これらはすべて「震災で大変だったときにたくさんの人たちに支援していただいた」という感

謝から来るものなのだろう。大変なことはたくさんあるけれど、彼女たちは楽しい姿を発信し続けている。いつも笑顔を絶やさない優しいなつ子さんは、感謝の気持ちを忘れず、信念を曲げない、強い女性でもある。

農山村ビジネスと持続可能な地域づくり

アルパカ牧場と多菜田には共通点がある。震災からの復興過程で、それまでなかった物や人が入り、地域で脈々と培われてきた文化や伝統と融合し、時代の変化に適応した新しいものが生まれている。アルパカ牧場では「アルパカ×牛飼い・錦鯉の文化」であり、多菜田では「さまざまな支援やボランティアへの感謝×女性たちの誇りである郷土料理」の組み合わせだ。

今後、少子化や高齢化、人口減少が進む。持続的に地域を維持ないし活性化していくためには、地域外から刺激を受けつつ、地域で受け継いできた文化や資源を活かし、時代に応じて変えていく姿勢が求められるだろう。中越地方では、そのきっかけが震災だった。

どちらのケースも、目的は山古志を元気にしたい、感謝の気持ちを伝えたいという強い思いである。その目的を達成し、持続させていく仕組みとして、ビジネスの手法が用いられた。山古志版ソーシャル・ビジネスが生まれたのだ。

農山村ビジネスの特徴の一つは、多様な立場の人たちの深い関係性のなかで、事業を展開していることにある。人と人とのつながりが強いから、すぐれたアイデアがあっても、一人では実現できない。周囲の人たちをいかに巻き込み、事業を地域に定着させせるかが問われる。そして、自分一人が儲けるのではなく、地域全体に効果を波及させることが求められる。

また、ビジネスという視点からみれば、事業の創設よりも継続が難しい。継続性を担保するための安定的な経営と後継者が必要になる。アルパカ村も多菜田も、次の世代にバトンをどうつないでいくか模索している。

〈金子知也〉

第4章

震災復興から地域づくりへ

旧山古志村の三ケ地区で行われた合同盆踊り大会（2013年8月15日）
〈提供：公益財団法人山の暮らし再生機構長岡地域復興センター山古志サテライト〉

1 地域づくりの足し算と掛け算――コンサルタント主導の地域づくりの間違い

複数の集落で地域づくりが同時に進んだ

第1章3で、農山村の集落コミュニティの再建過程を紹介した。それは、①集落コミュニティが維持している道路や公共施設などの共用施設を復旧し、②集落コミュニティのよりどころである神社や集会所を再建し、③集落コミュニティの活性化イベントを行い、④集落の自立的復興のためのプラン策定を行い、⑤プランにもとづく集落の活動を行う、というプロセスである。

ここで注目すべきは、農山村の多くが、ほぼ同時期に集落コミュニティの再建に着手していることだ。前述した集落コミュニティの再建を支えた復興基金事業の申請件数をみると、地域コミュニティ再建（③を支えた事業）では、二〇〇五年度二八件、〇六年度一〇七件、地域復興デザイン策定支援（④を支えた事業）では、〇七年度四件、〇八年度二八件と推移している。多くの農山村が、ほぼ同時期に集落コミュニティの再建、すなわち地域づくりを始めたことがわかる。

複数の集落の比較からみえてきたもの

中越復興市民会議（以下、市民会議）は複数の集落にかかわっていた。集落の情報交換の場としての地域復興交流会議の開催によって、関係する集落数が増えていく。私たちは、関係する集落が増えるにつれ、集落ごとの雰囲気や地域づくりの進捗度合の違いを感じていた。

とくに、まちづくりの経験がない学生に代表される若者が関与する集落では、住民が主体的に地域づくりにかかわる一方で、コンサルタントのような専門家と呼ばれる人たちが関与する集落では、そう感じられなかった。なぜ、地域づくりがうまく進む集落と、そうでない集落があるのか。その違いはどこにあるのか。

こうした問題意識から、市民会議では、地域づくりのプロセスについて次の五つの観点で、複数の集落の比較を試みた。

①外部者の関与の有無、②住民の成功体験がある活動か、③複数の住民の共通体験がある活動か、④活動で住民の主体性が生まれたか、⑤活動で住民の共通認識が生まれたか。

比較方法は簡単である。集落ごとに地域づくりに関連する出来事を時系列で並べ、その出来事ごとに、外部者の関与、成功体験、共通体験、主体性、共通認識の有無を議論する。そして、プラス〇・五(あった場合)、ゼロ(なかった場合)、マイナス〇・五(住民の意欲をそいだ場合)の得点をつけていく。この比較から、住民の主体性があり、共通認識が生まれている集落と、そうではない集落の違いに、地域づくりのプロセスが影響していることがわかってきた。

専門家と呼ばれる人たちが関与する集落では、一通りの住民に対する聞き取り調査はあるものの、対象は区長、一部の世帯主といったリーダー層や男性に限られている。聞き取りと専門家が分析した情報をもとに集落の活性化プランがつくられ、そのプランに関する話し合いが専門家と一部住民との間で繰り返し行われる。複数の住民が参加する活動はほとんどない。結果、住民の主体性は生まれず、地域づくりの進捗は芳しくない。

まちづくり経験のない若者が関与する集落では、若者はそもそも集落の活性化プランを作成する目的はない。日常的に集落を訪れ（集落行事への参加、農業体験、お茶飲み、まち歩きなど）、関係する住民も限定的ではない（女性や若者を含む）。彼らが集落の日常を体験し、よそ者の目をとおした気づき（集落や住民の魅力）を住民に伝えることで、住民の主体性を生み出していった。また、住民の主体性を活かしたイベント（山菜採りツアー、稲刈り体験、お祭りの開催、集落の震災記録誌の発行など）で小さな成功体験や共通体験が生まれ、その後、主体的な意識をもった住民の話し合いのなかで、共通認識がつくりだされていく。結果、住民主体の地域づくりが進捗した。

寄り添い型サポートと事業導入型サポート

プロローグで、中越地震が顕在化させた本質的な課題は「過疎化・高齢化の課題に主体的に向き合ってこなかった地域社会の姿勢にある」と指摘した（一〇ページ）。杉万俊夫氏は、過疎地域は「依存性、閉塞性、保守性という伝統的な体質を色濃く残している」と指摘している。また、小田切徳美氏は次のように指摘する（小田切徳美編『農山村再生に挑む』岩波書店、二〇一三年）。

「農山村では、そこに暮らす住民の中には、時として『誇りの空洞化』と言わざるを得ないような、その地域に住み続ける意味や価値を見失い、地域の将来に関して諦めにも似た気持ちが、住民を覆っているケースがあるからである。住民が単に当事者意識を持つだけでなく、さらに『誇りの再建』へ向けて進む具体的なプロセスも必要となる」

私は、「過疎化・高齢化の課題に主体的に向き合ってこなかった地域社会の姿勢」をつくりだしてきたのは、この集落の伝統的な体質と誇りの空洞化による諦め感にあると考えている。

複数の集落の地域づくりの比較から、このような体質を持つ集落への地域づくりのサポートには、段階が必要であることがわかってきた。すなわち、①住民の主体的意識を醸成するサポート（寄り添い型サポート）と、②住民の主体性が生まれた後の、集落の将来ビジョンづくりと実践に対するサポート（事業導入型サポート）である。

寄り添い型サポートは、住民の不安や悩みに寄り添う（ともに考え、行動する）ことをベースに、依存的・閉鎖的で諦め感を持った住民に対して外部人材との関係を積極的につくり、よそ者の目をとおして集落の魅力や資源に気づきを与え、その魅力や資源を活かした小さな活動を行う。そこで、住民が成功体験を積み重ね、また、できるだけ多くを巻き込んで共通体験を積み重ねるなかで、主体的・開放的な、やればできると思う住民へと転換させていくサポートである。

事業導入型サポートは、寄り添い型サポートが終わった後の主体的な住民が、集落の将来ビジョンをつくり、そのビジョンをもとに事業を進めていく活動に対する専門的なサポートである。

この考え方は、簡単な算数（足し算・掛け算）でイメージするとわかりやすい。仮に、伝統的な

図18　地域力とサポートの関係

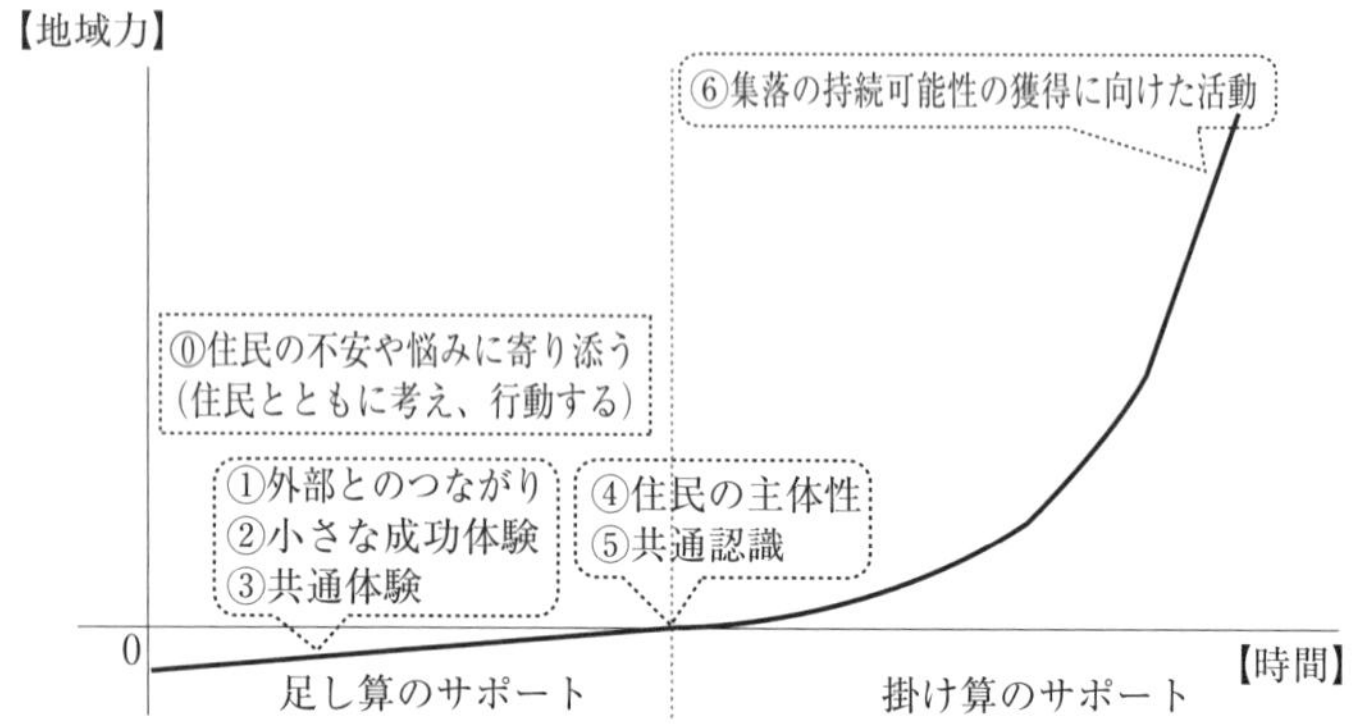

体質をもち、誇りの空洞化が進んでいる集落の地域力を「マイナス二」と捉える。寄り添い型サポートを「プラス〇・五」とする。事業導入型サポートを「掛ける二」とする。

こうした集落に対し、いきなり事業導入型サポートをしていく場合を数式で表現すると、「-2 × 2 = -4」となる。この場合、事業導入型サポートは、かえってマイナスを大きくする。実際、専門家が他地域の成功事例を持ち出し、集落に導入し、うまくいかなかったケースをよく耳にする。

一方、段階的なサポートをしていく場合を数式で表現すると、「-2 + 0.5 + 0.5 + 0.5 + 0.5 + 0.5 = 0.5 × 2 = 1 × 2 = 2 × 2 = 4……」となる。まず、寄り添い型サポート（プラス〇・五）が行われ、プラス値（〇・五）に変わった段階で事業導入型サポート（掛ける二）が導入されることで、専門家によるサポートが効果的にはたらく。この数式をグラフにすると、地域力は図18のような成長曲線を描く。

地域力がマイナスの集落にいきなり事業導入型サポート（掛け算のサポート）をしても、マイナスを大きくするだけである。まずは、寄り添い型サポート（足し算のサポート）を地道に行い、地域力がプラスになった段階で事業導入型サポートを行うと効果が生まれる。これが「地域づくりの足し算と掛け算」という考え方である。同時に、これまでのコンサルタント主導の地域づくり、すなわち、寄り添い型サポートを丁寧に行わずに農山村の活性化プランを作成し、事業導入型サポートのみを行ってきた地域づくりに警鐘を鳴らす考え方でもある。

なお、地域力がプラスになった段階とはどんな状態かについては、本章3で詳しく触れる。

地域づくりの足し算の本質的な意味

吉川肇子らは、安心のあり方に人びとの知識の程度が検討されていないと指摘する。知識や情報がないにもかかわらず無自覚に安心している状態と、知識や情報を与えられたうえで安心している状態があるとして、図19のモデルを示した。知識なしで安心している状態は望ましくないとしたうえで、情報を得て能動的に安心している状態を目指すべきだと述べる。この考え方のもとに、段階的なサポートと住民意識の変化のプロセスを再考してみたい。

図19　安心の分類

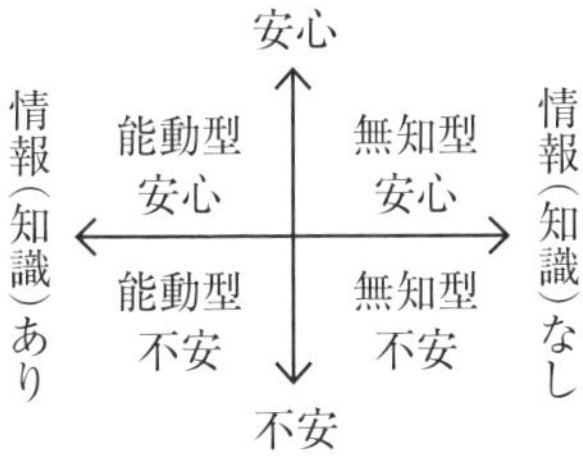

（出典）吉川肇子他「技術的安全と社会的安心」『社会技術研究論文集』Vol.1、社会技術研究会、2003年（一部、筆者修正）。

震災前の農山村の状態は、知識や情報がないにもかかわらず無自覚に安心している状態（無知型安心）に近い。緩慢に進

住民意識の変化

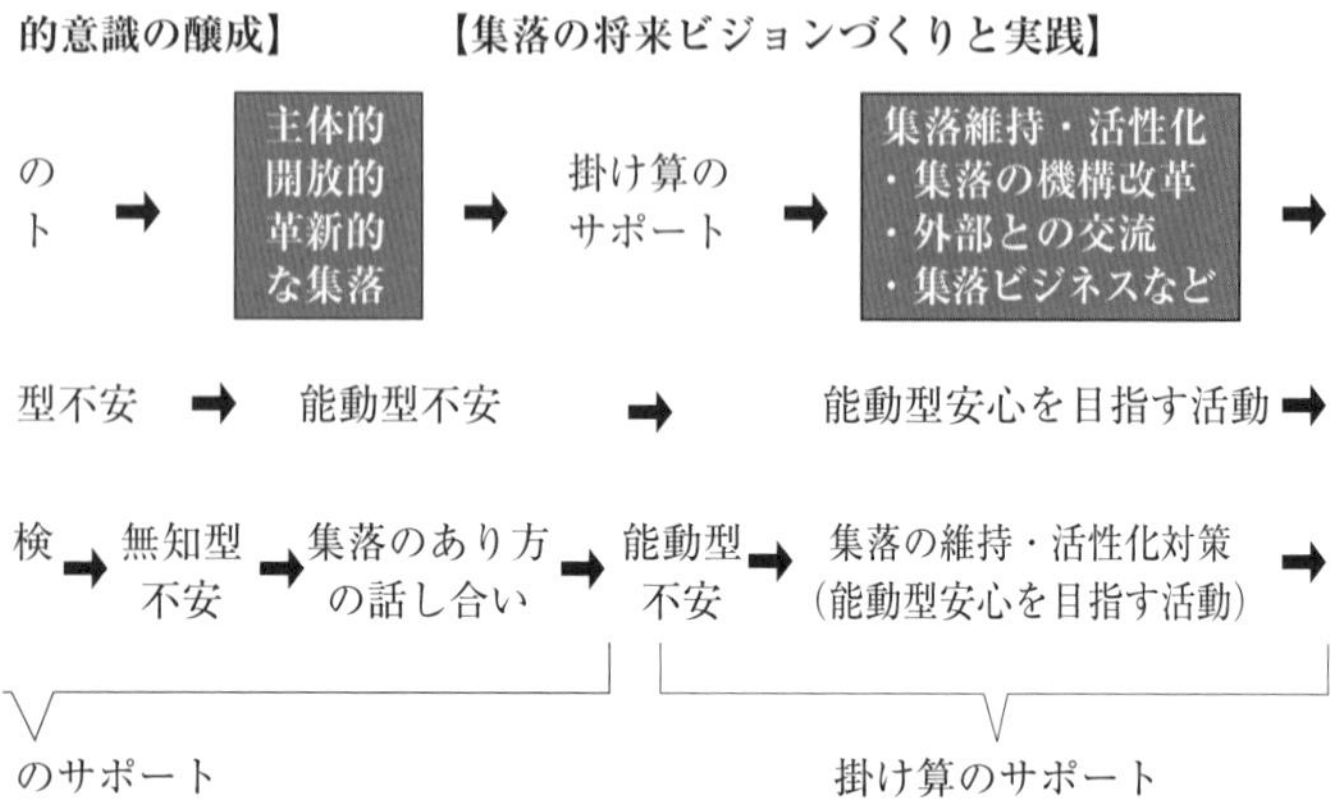

行する過疎化・高齢化に対して、住民は専門家と専門機関によって形成される社会基盤や公共サービスの充実に期待はするものの、自らで解決すべき課題との認識はなかった。

ところが、震災後に急激に過疎化と高齢化が進行した結果、専門家と専門機関に期待せざるを得ない状態は依然として変わらないものの、これまでにない不安感が住民のなかに生まれていく（無知型不安）。その後、専門家ではない支援者が協働作業や話し合いを繰り返すことで住民の主体性（能動的な意識）が生まれ、住民自らが将来の目標の設定に至った。この段階は、まだ住民の不安感は解消されていない状態（能動型不安）である。

目標が設定されると、その目標、すなわち能動型安心の状態に向かって知識・情報を求める意識が住民に芽生え、専門家による支援が有効に機能し始める。そして、集落の持続可能性の獲得（能動型安心の状態）を

図20　段階的なサポートと

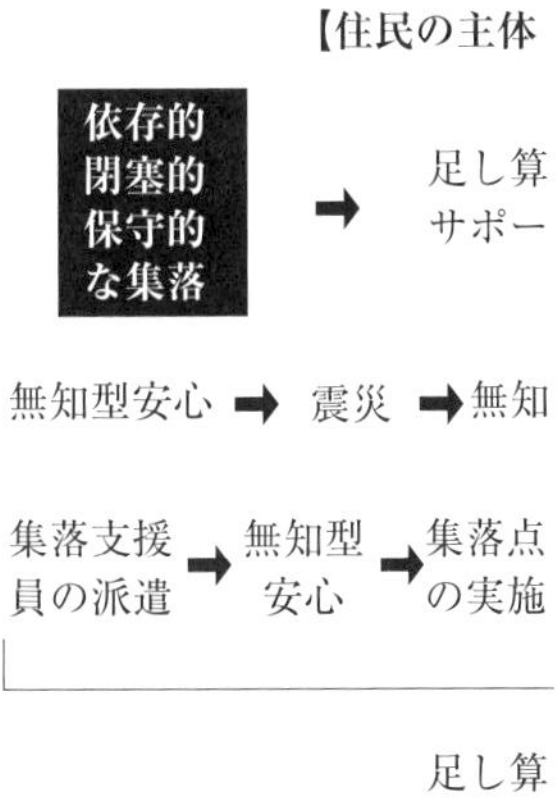

目指す活動につながっていく（図20）。

先に震災復興をガバナンスが支えたと指摘した。震災以前の農山村は、大きなガバナンス（専門家と専門機関によって形成される社会基盤や公共サービスの充実）に依存していた。震災が起こり、足し算のサポートによって農山村に能動的な意識が芽生え、自ら農山村の持続可能性の獲得を目指す活動（小さなガバナンス）が進んだ。このように捉えるならば、地域づくりの足し算の本質的な意味は、小さなガバナンスの潜在的な力を引き出すことにある。

そして、長い目でみると、地域づくりの足し算は、小さなガバナンス（集落）が農山村の持続可能性の獲得の取り組みを推進し、その取り組みができないことを中くらいのガバナンス（中間支援組織、地域ＮＰＯ、地域復興支援員など）が担い、中くらいのガバナンスができないことを大きなガバナンス（市町村、県、国）が担うという、補完性の原理にもとづく関係性を再構築していく取り組みの第一歩である。

地域づくりの足し算を支える制度

地域づくりの足し算と掛け算の考え方は、地域づくりの経験を持つ専門家であれば、すでに理解しているはずだ。しかし、段階的なサポートを丁寧に行う専門家は稀である。その原因は、足し算の重要性に対する世の中の理解不足にある。そのため、これまでの地域づくりでは、掛け算に対する費用が支払われるのみで、足し算に対する費用は支払われてこなかった。その意味では、専門家に問題があるのではなく、地域づくりを推進してきた主体（おもに行政機関）の考え方に根本的な問題があったと言える。

中越地震の復興施策として復興基金によって生まれた地域復興支援員制度は、地域づくりにおける足し算の重要性を認め、そこで必要となる費用（おもに人件費）を公費で負担した初めての施策である。その意味では、地域復興支援員に求められる本来の役割は足し算のサポートだと言える。そして、この考え方は、総務省が所管する地域おこし協力隊、集落支援員制度にも受け継がれている。

国の過疎問題懇談会では二〇〇八年四月に、時代に対応した新たな過疎対策として、①集落支援員の設置、②「集落点検」の実施、③集落のあり方についての話し合いの促進、④地域の実情に応じた集落の維持・活性化対策を提言した。私は、集落支援員の設置が「足し算のサポート」に、集落点検の実施が「無知型安心↓無知型不安のアプローチ」に、集落のあり方についての話し合いの促進が「無知型不安↓能動型不安のアプローチ」に、そして地域の実情に応じた集落の維持・活性化対策が「掛け算のサポートと能動型安心の状態を目指す活動」に対応すると考えている。

〈稲垣文彦〉

2 専門家ではない支援者が地域を変える

第2章で紹介した集落では、住民へさまざまな形で影響を与えた外部支援者が存在している。彼らの多くはそれまで、災害復興や農山村の地域づくりにかかわりがなかった。ここでは、専門家も含めた外部支援者を分類し、その役割を考察する。また、専門性を持たない支援者だからこそできたことは何か、そうした支援者が地域づくりにかかわる意義について考察したい。

外部支援者の分類

ここでは、宮本匠さん（九八ページ参照）が、筆者との意見交換をもとにまとめた「外部の支援者の分類（V.S.O.P モデル）」（図21）を用いる。これは、宮本さんと筆者が市民会議のメンバーとして約二〇の集落の復興現場に関与してきた経験から、生み出したものである。

縦軸と横軸に分類の指標を設け、外部支援者を四つに分類した。横軸は、集落との共通体験の量、つまり集落に通って住民とともに活動や話し合いをする頻度である。縦軸は、住民と集落のビジョンを共有しようとする志向の度合いである。

オープナー（開く人）は Open（開く）を人称形にした造語で、開く人を意味する。ボランティア

図21　外部支援者の分類（V.S.O.P モデル）

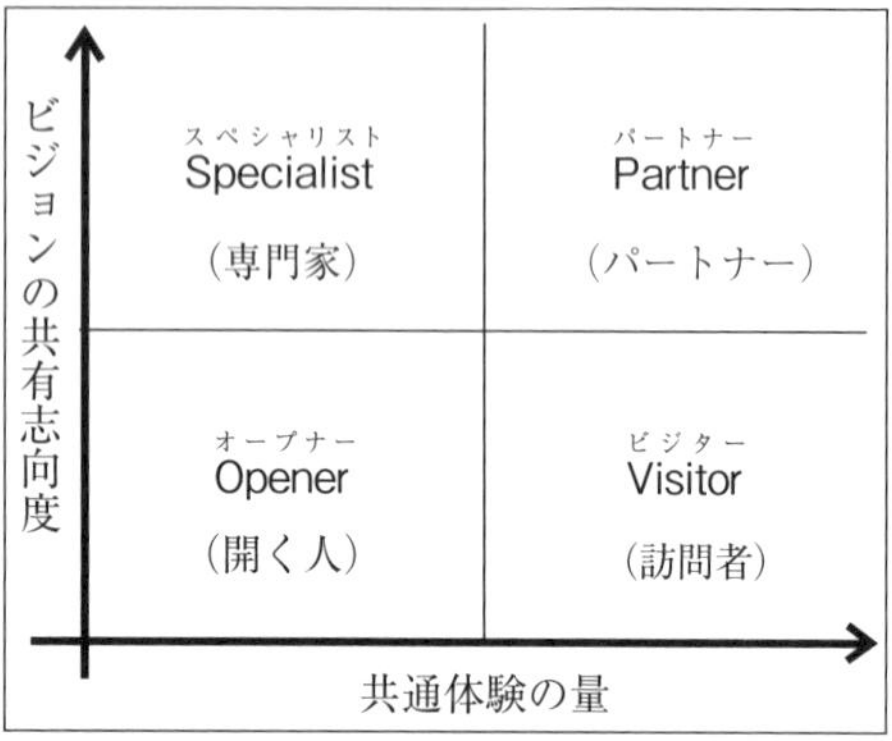

（出典）宮本匠「現代社会における災害復興に関する現場研究」『大阪大学大学院修士論文』2007年。

のように、その地域を訪れるなど想像もできなかった人である。彼らは、集落に入ることで集落を外に向かって開き、住民の価値認識を揺るがす外の風を持ち込む。多くの外部支援者は当初、オープナーと言ってよいだろう。共通体験の量は少なく、ビジョン共有志向度も低い。

ビジター（訪問者）は、地域行事などの機会に頻繁に訪れ、地域をにぎやかにする。共通体験の量は多いが、ビジョン共有志向度は低い。

パートナーは、住民との共通体験を重ねながら、住民とともに地域の将来を模索する。共通体験の量は多く、ビジョン共有志向度も高い。

スペシャリスト（専門家）は、自らの専門性を持って地域の取り組みを具体的に支援する。訪問頻度は低く、共通体験の量は少ないが、集落の将来を一緒に考えるという意味で、ビジョン共有志向度は高いと言える。

第2章で紹介した五集落の主たる外部支援者を表13に分類した。矢印は、その人物・団体が復興のプロセスで役割（職業）を変えていったことを示している。役割が固定化されていないことも、

表13　第２章で紹介した５集落における外部支援者の分類

集落	分　類	現在	名前、所属	職業（当初→現在）
池谷入山	ビジター	○	ボランティア	
	ビジター→パートナー	◎	多田朋孔	会社員→地域おこし協力隊
	パートナー	◎	山本浩史	兼業農家・建設業→ NPO 法人代表理事
	パートナー	○	籾山旭太	農業研修生→農業大学校職員（NPO 法人理事）
	パートナー	○	NPO法人 JEN	海外支援 NGO
	スペシャリスト	△	NPO 法人まちづくり学校	地域づくり NPO
池谷	パートナー	◎	佐野玲子	主婦・会社員→地域復興支援員
	スペシャリスト	△	コンサルタント	都市計画コンサルタント
木沢	ビジター	○	大学生ボランティア	大学生（→社会人）
	ビジター→パートナー→スペシャリスト	○	宮本匠	大学生（中越復興市民会議）→大学研究員
	ビジター→パートナー→ビジター	△	高橋要	大学生→研修生→団体職員
	パートナー	◎	地域復興支援員	
	スペシャリスト	△	広告代理店	
法末	ビジター→パートナー→ビジター	△	中越復興市民会議	市民団体
	ビジター→パートナー	○	西沢卓也	大学生→地域復興支援員
	スペシャリスト	注３	中越震災復興プランニングエイド	建築・都市計画家
若栃	ビジター	△	大学生	大学生→社会人
	ビジター→パートナー・スペシャリスト	◎	寺島義雄	地域づくり NPO

（注１）「分類」において、オープナーはすべての人物・団体にあてはまるため省略した。

（注２）「現在」において、◎は日常的関与がある、○は月１回程度の関与がある、△は年数回程度の関与がある、×はほとんど関与がない。

（注３）中越震災復興プランニングエイドの関与はなくなったが、一部のメンバーで設立された（株）法末天神囃子《てんじんばやし》として活動している。

ポイントの一つだ。また、「現在」という項目は、現時点での集落への関与度を示している。

新鮮な外部の目線を持ち込むオープナー

オープナーは、震災がなければ集落を訪れることはなかった人たちである。その新鮮な目線が、住民の集落に対する価値観を揺るがしていく。

池谷・入山集落や木沢集落では、住民にとっては当たり前の自然資源や山で暮らす知恵が、初めて農山村を訪れる大学生やボランティアにとって新鮮に映った。彼らがその素晴らしさに感嘆することによって、住民が自らの集落について誇らしく語るようになる。

また、農山村に暮らす住民と都市に暮らすボランティアの交流は、互いに違う日常生活や価値観の相互理解をもたらす。結果、「都会もなかなか大変なんだ。田舎も悪くないな」と自らの集落の再評価にもつながる。法末集落で「都会で子育てなんてできないだろう。法末だったらいいぞ」という認識を生んだのは、こうした交流が大きな役割を果たしている。

さらに、池谷集落や若栃集落のように、当たり前であった日常を揺るがした震災体験そのものが、集落を見直すきっかけとなったケースもある。

存在を受け入れ合い、継続的に通うビジター

ビジターは、集落の行事などの機会に頻繁に訪れ、新鮮な外部の目線を持ち込む。継続的に集

落に外の風を送り続けるオープナーだ。多くの場合、初めは支援を目的に関与し、継続的に集落に通うようになったボランティアや大学生などである。

支援を目的に集落を訪れるのであれば、住民とは「支援する（ボランティア）─支援される（住民）」という関係が生まれる。この場合、集落の支援によって「役に立っている」という有用感が、関与する目的となる。しかし、そのような有用感は、地震から月日が経てばおのずと減る。

一方、継続的に通うボランティアは、「支援する（ボランティア）─支援される（住民）」という関係にとどまらない。住民との濃密な交流の機会を得るなかで、互いの仕事、趣味、価値観などを理解し合う。こうした関係においては、「自分が役に立てるから」ではなく、「あの人にまた会いたいから」が、集落に通う理由になる。集落側も、ボランティアが「役に立つかどうか」ではなく、「また来てくれた」ことが楽しみになる。両者が互いに何を「提供できるか」ではなく、互いの存在自体を受け入れ合う関係だ。

池谷・入山集落では、毎月ボランティアの受け入れをするだけでなく、必ず住民との交流会を開催し、ボランティアと住民の懇親を深めている。木沢集落では、集落を訪れた大学生と住民が手紙のやりとりをするなどの関係が生まれた。大学生が卒業する際は、集落みんなでお祝いをする。その結果、大学生は卒業後も集落に顔を出す。

こうした人間関係が生まれると、自らが感じた感動や喜びを身近な人間に伝えようとする。木沢集落では、宮本さんが集落に通い始めたことをきっかけに、多くの大学生が通いだした。その大学生との接点から、長岡市街地の子育てグループの女性たちが訪れるようになる。その輪に加わる人たちは、起点となった支援者と同様に、「存在自体を受け入れ合う関係」を基本としたかかわりを持っていく。

地域の将来をともに模索して能動的に行動するパートナー

パートナーは、住民との共通体験を重ねながら、住民とともに地域の将来を模索する。集落がかかえる課題への問題意識を深め、自らできることを探し、能動的に活動の仕掛け役や組み立て役として動く。

宮本さんは木沢集落に通い続けるなかで、集落を元気にするために何ができるだろうかと考えてきた。大学院に進学後も復興研究を続け、大阪から通ってワークショップを実施したり、自らが研究で培ったネットワークを活かして専門家を集落につなぐなどの活動を続けている。

池谷集落の佐野玲子さんや法末集落の西沢卓也さんは、住民とともに活動するなかで、地域復興支援員という立場を得て、集落のパートナーとして活動を続けてきた。若栃集落における寺島義雄さんのように、専門家として住民とともに活動し、専門家としての仕事の終了後も継続的なパートナーとして活動を続ける者もいる。また、池谷・入山集落で活動する山本浩史さんは入山出身者で、農地もある。そのため、ボランティア受け入れの窓口を務め、必然的にパートナーの立ち位置となった。

特定分野型・プロセス関与型のスペシャリスト

専門性を持って地域の取り組みを具体的に支援するスペシャリストには、二つの種類がある。一つは、木沢集落の広告代理店や法末集落の中越震災復興プランニングエイドのように、広告・ブランディング、建築、都市計画などの特定分野型スペシャリストだ。もう一つは池谷・入山集落のNPO法人JENやNPO法人まちづくり学校、若栃集落の寺島義雄さんのような、住民主体の地域づくりの進め方に対する経験と専門性を持ったプロセス関与型スペシャリストだ。

前者は、集落から聞き取った要望を具体的な形にして提案する。特定分野の専門性を活かして、個別具体的な課題へ対応できるのが特徴である。広告代理店は、民宿施設の周辺整備（植樹や看板設置）や販促ツール（HPやパンフレット）の制作の際にデザイン提案を行った。中越震災復興プランニングエイドは、「震災後応急復旧した住宅を専門的な観点から見てほしい」という要望に対し、家屋調査・住宅カルテを作成している。

後者は、集落のパートナーや住民リーダーに対して、活動の進め方への助言や復興計画策定の支援を行う。JENはボランティアの派遣から約六年にわたって、山本さんの力になってきた。まちづくり学校は、復興計画策定の話し合いをコーディネートし、計画のまとめに寄与している。寺島さんは、まちづくりの専門家として集落の復興計画の策定から活動の実践まで、集落のリーダーである細金剛さんに助言しながら活動をともにしてきた。

図22　池谷・入山集落の外部支援者の分類・関係図

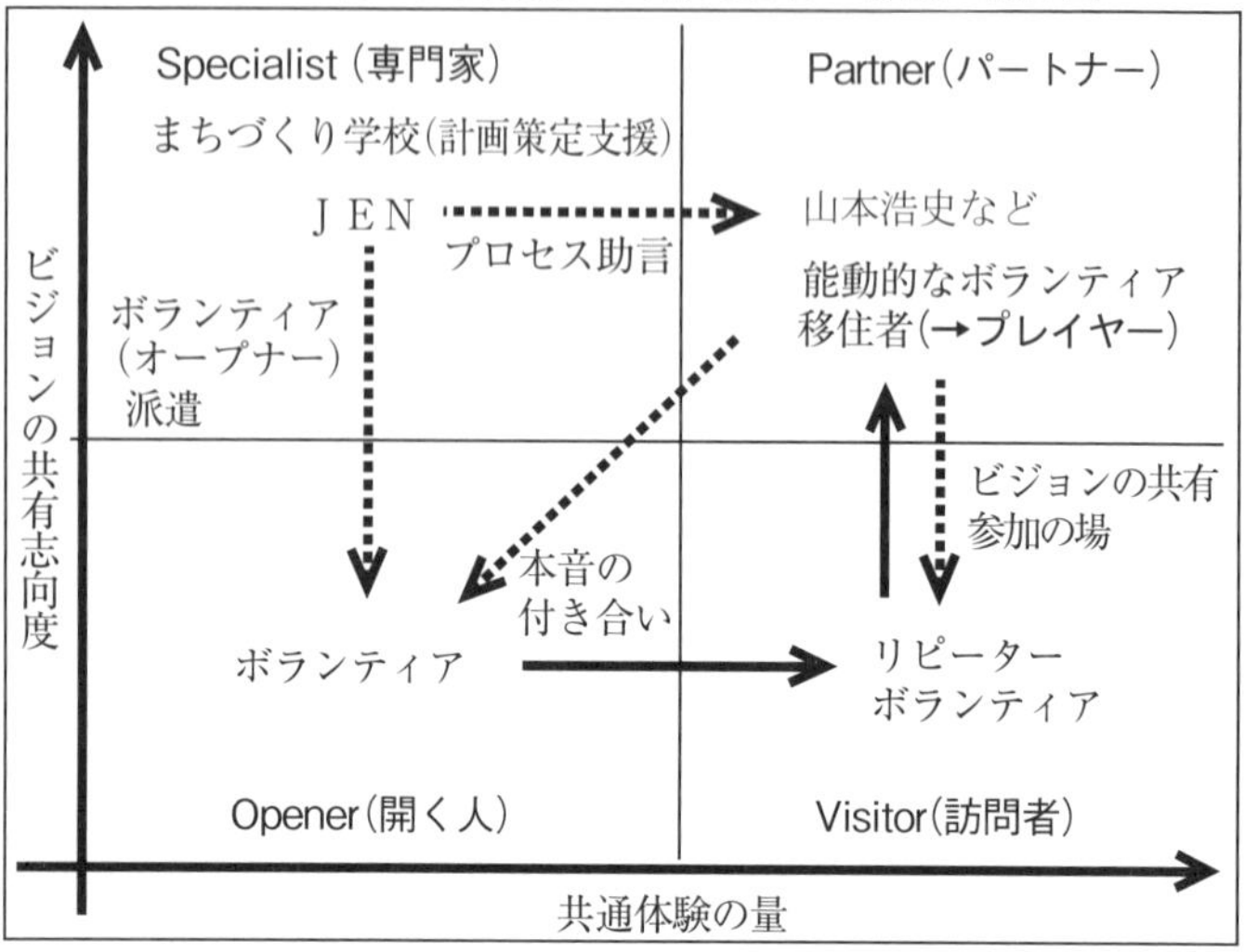

外部支援者の巻き込み方

ここでは、池谷・入山集落の復興のストーリーをモデルに、外部支援者がどのようにかかわり合い、立場を変えながら、復興プロセスが進んできたのかを見ていく。おもな外部支援者を図22の分類モデルに落とし込んだ。

池谷・入山集落では、入山集落出身者の山本さんがパートナーとなり、ＪＥＮがプロセス関与型スペシャリストとして、山本さんとともに集落への働きかけをスタートする。山本さんとＪＥＮは、ボランティア（オープナー）を集落に月一回派遣し、住民との共同作業や交流会を重ねた。それは互いの考え方を深く知る機会となり、集落の過疎や高齢化の現状についても積極的に対話がされていく。それが、「また池谷に行きたい」と考えるビジターを生み出した。

そのなかから、さらに能動的に集落に関与を始めるボランティア(パートナー)も現れる。あるボランティアは、自らが勤める会社で応援したいと動いた。お米の販売促進に協力する者も現れる。こうしたボランティアの動きを山本さんは積極的に受け入れ、集落との調整を行った。一方で、集落の目指す姿や取り組みをまとめた復興計画を、プロセス関与型スペシャリストとしてのまちづくり学校の力を借りてまとめていく。

復興計画では、「集落の存続」「日本の中山間地域再生のモデルになる」というビジョンが掲げられた。このビジョンを集落を訪れるボランティア(ビジター)に積極的に話し、共有した結果、集落のパートナーとして移住する若者が三組も誕生した。移住者はパートナーでもあり、集落の将来を担うプレイヤー(主体)でもある。こうして、プロセス関与型スペシャリストとして集落にかかわり続けていたJENからの自立を果たした(支援という関係を終えた)のだ。

集落には、多様な役割を担う外部支援者がいる。専門家は、集落の課題を解決する救世主ではない。あくまで部分的な役割を果たす存在だ。集落が前向きに復興の取り組みを進めていく初期段階では、オープナーやビジターといった専門性のない外部支援者の役割が大きい。そうした外部支援者を集落に受け入れ、活動のプロセスをつくっていくという点で、パートナーやプロセス関与型スペシャリストが非常に重要な位置を占めている。

〈阿部　巧〉

かに、被災者の生活再建は早いほうがよい。ただし、スピードを優先するあまり、過去の経験の一部だけを成功モデルのように切り取る傾向には注意を払いたい。今後の復興のステージでは、中越と同じく、人口減少社会にどう立ち向かうかが試される。前例がない取り組みだ。住民、行政、支援者が一つひとつの取り組み(模索)の積み重ねや議論を通じて共通認識をつくりだし、納得したうえで次の行動を決定していく、地に足が着いたプロセスが必要である。

その際、中越地震からの復興の経験やノウハウを一方的に伝えることは正しくない。中越の経験に期待される役割は、「中越で生まれた共通言語の提供」と「互いに学び合う関係づくり」だ。復興にかかわる関係者が共通認識をつくりだす過程で、「中越で生まれた共通言語」は間違いなく羅針盤の役割を果たすであろう。その意味で、本書が果たす役割もきわめて大きい。

中越では、被災者と他者が互いに心を開き、学び合うなかで、地域コミュニティが再生されてきた。いま、東北と中越が互いに心を開き、ともに歩み、ともに共感し、ともに学び合う関係づくりが期待される。実際、中越の多くの人びとが東日本大震災の被災地に赴き、あるいは東北の人びとの中越視察を通じて交流を重ね、顔の見える関係を築いてきた。その結果、双方が活力を得て、それぞれの取り組みを進化させている。

「中越から東日本へ」は同時に「東日本から中越へ」であり、地域間の足し算となる。こうした社会関係資本の広がりにこそ、豊かな地域をつくるうえでの本質があるのかもしれない。いま東北にいる私たち“旅の者”には、この広がりを生み出す触媒としての役割が期待されている。

〈石塚直樹〉

コラム3　中越から東日本へ、東日本から中越へ

“旅の者”の役割

「津波後は旅の者によって満たされる」という言葉がある。三陸地方に伝わる言い伝えの一つだ。宮城県気仙沼《けせんぬま》市出身の民俗学者・川島秀一氏が著書『津波のまちに生きて』で、取り上げている。

三陸沿岸の村々が過去の津波災害から復興する際、南方からの来訪者によって担い手が置き換えられていく傾向があったという。川島氏は、岩手県の両石《りょういし》(釜石市)では宮城県の十三浜《じゅうさんはま》(旧北上町、現石巻市)からイカ釣りに来ていた者が婿に入った事例、山田町の田ノ浜には1896(明治29)年の大津波以後、気仙郡からの定住者が見られた事例を示している。彼らは移動性に富む漁師であった。津波後に“旅の者”として訪れ、以前からの住民と一緒になって暮らし、文化を形成してきたのである。

東日本大震災からの復興現場にも、“旅の者”の役割を果たす人たちがいる。災害ボランティアやコンサルタント、行政やNPOの職員などだ。これまでの経験や想いを活かし、全国から赴いて、さまざまな立場で復興の一端を担っている。筆者もその一人である。中越防災安全推進機構からみやぎ連携復興センターに出向し、県域の中間支援や復興支援員の後方支援などを担当している。

地に足の着いたプロセスと触媒の役割

「なぜ、これまでの災害復興の経験が活かされなかったのか。阪神・淡路大震災や中越地震などの経験を活用すれば、適切かつ迅速に復旧・復興が進められたのではないか」

東日本大震災以降、こうした論調がメディアや各種会議で散見される。それは、行政機関の復旧·復興施策のみならず、復興をサポートする民間組織のマネジメントや事業の進め方にも共通する。たし

3　計画ではなく共通認識

第2章で紹介した五集落のうち四つは、集落の復興に向けた取り組みを「復興計画」としてまとめている。復興基金には、集落の復興計画を策定するための「地域復興デザイン策定支援」と、計画の実践のための「地域復興デザイン先導事業支援」があり、多くの集落が活用してきた。この「計画づくり」という手法は、地域活性化を目指す「地域づくり」でも多用される手法である。ここでは、この手法が復興の場面でどう活用されてきたのか、そして有効に活用するためのポイントは何かについて考察する。

「見えない未来」と「失った共同作業」

まず、現代の農山村における計画づくりの課題を整理しよう。

法末集落では、中越地震以前の一九八八年から、集落活性化に向けた「集落活動計画」の策定が行われていた。当時の計画の主たる関心事は、廃校になった小学校の活用を除けば、田んぼの圃場整備、克雪体制や水道の整備など都市との生活・産業基盤の格差是正である。現在、まだ条件不利性はあるものの、道路や都市ガス、上下水道、除雪体制からインターネットの光回線まで、市街地と変わらない生活インフラを獲得している。格差是正は、国の過疎対策として全国一律に行われた。他の集落でも、集落での計画策定こそ行われなかったが、行政への陳情などをとおして格差是正に取り組んだ。

しかし、環境整備は進んでも人口減少は止まらなかったし、震災によって多くの集落で加速度的に人口減少が進んだ。このように未来を描きにくいなかで、今回の復興計画は取り組まれた。

また、集落が共同して計画づくりの話し合いや実践ができるのかという点でも、現在は課題がある。昔のように、農業や自営業を主体とした世帯が多くを占めているわけではない。会社勤めで給料を得て生計を立てる世帯が一般的だ。勤務状況によって生活スタイルは大きく違うし、互いに顔を合わせる機会は減っている。

こうした人口減少や生活スタイルの変化によって、子ども会、青年会、婦人会といった世代別・性別組織はほぼ失われ、集落総出で行ってきた祭りや農作業における助け合いも減少した。集落住民が共同作業を行う機会は、確実に減っている。計画を立て、集落みんなで協力して活動を進めること自体が困難なのである。

次世代で引き継ぐ価値ある集落としての再評価

次に、各集落が策定した復興計画について見ていこう。四集落の理念・ビジョンと取り組みの柱を表14に整理した。ここから、四集落の復興計画の特徴を拾い出してみる。

表14　4集落の復興計画の概要

集落	理念・ビジョン	取り組みの柱
池谷入山	集落の存続(集落での暮らし・人の営みの継続)	①消費者と直接つながる農業 ②本音の付き合いでイベント交流 ③エコツーリズム＝自然や文化、技術を活用し、収入源とすることで保全する ④生活できる条件づくり ⑤小さな農村が向き合っているものは日本農業の問題そのもの
木沢	定住と永住の促進による集落の活性化(住民・外の人・木沢出身者が木沢に住める、木沢の宝を守る)	①「やまぼうし」をヤマの核施設にする ②ヤマの自然を活かす ③ヤマを居心地が良く楽しめる場にする
法末	いつまでも住み続けられる法末	①定住 ②産業 ③交流
若栃	①超進化し、夢語る暮らし ②人に暖かく、寄り添う暮らし ③自然と共にある、種まく暮らし	①地元学の推進 ②農家民宿「おっこの木」の開業 ③農業法人の設立 ④特産品加工所の開設 ⑤ファーマーズスクールの開設 ⑥わかとち楽校の開設

理念・ビジョンでは、三集落が「集落の存続」、具体的には住み続けられることや新しい住民を迎え入れることをあげ、一集落は「もともとある集落の魅力ある暮らしを続けていくこと」としている。取り組みの柱では、自然や文化といった「地元の資源を活かす」、消費者と直接つながる農業や農家民宿、ファーマーズスクールといった「新しい農業(産業)の確立」、本音の付き合い、居心地が良く楽しめるといった「地域外部者との交流」などがあがった。

すなわち、四集落とも自らの集落を次世代へつなぐ価値あるものとして評価し、都市と同様の環境を手に入れるのではなく、自らの集落にある資源を評価して最大限に活かそうと考えている。前述の課題を克服し、集落の新たな可能性を描こうとしているのだ。四集落は、どのようにしてこの考え方にたどり着いたのだろうか。

震災の中で復活した「共同する力」

集落の共同作業が減少してきたなかで、震災の経験はもともとあった集落の「共同する力」を呼び覚ましていく。たとえば木沢集落では、地震直後に男性が総出で、崩落した道を復旧させた。旧川口町の中心部につながる二本の道路が崩落するという緊急事態に際して、約一五人が集まり、工事現場にあった重機や家から持ち出したスコップを使い、わずか一日で迂回路を造ったのである。こうしたエピソードは多くの集落にある。若栃集落の住民が話していた。

「集落が超進化したきっかけは、集団の良さを避難所生活で見直したこと。自分が何をしなければならないかが見えてきた」

集落には本来、集団として力を合わせて生活環境を守るという機能がある。ところが、行政サービスの多様化や格差是正を目指すなかで、自治体行政の末端組織として、行政を動かし、集落の利益に向けて誘導することに力を注いできた。震災という非常事態は、住民が協力して集落を守るという経験を経て、共同すること自体に価値があるという事実を住民に認識させた（思い出させた）と言える。この経験が復興過程に大きく寄与した。

認識の共有化が計画づくりの前提

表15は、四集落が復興への取り組みを始めた時期、地域復興デザイン策定事業に取り組んだ時期、その間の年月を表したものである。法末集落を除くと、取り組み開始から一年以上の年月を経て、計画の策定を始めている。

表15　復興の取り組み開始と計画策定の時期

集　落	取り組み開始	計画策定開始	その間の年月
池谷・入山	2005年4月	2009年2月	3年10カ月
木沢	2006年4月	2009年4月	3年
法末	2005年6月	2006年4月	10カ月
若栃	2005年10月	2007年4月	1年6カ年

地域復興デザイン策定事業に取り組む以前に、池谷・入山集落では二〇〇七年一〇月、木沢集落では二〇〇七年一二月に、ボランティアの手を借りて復興計画の下地となる話し合いがされていた。それからでも一年半は経過している。復興への取り組みの初期段階には、計画策定は行われていない。なお、法末集落には、二〇年以上に及ぶ集落活動計画の取り組みがある（第2章4参照）。

つまり、少なくとも二年、本格的な計画づくりまでで言えば三〜四年間、さまざまな取り組みを重ねてきた。この期間に、共同する力や集落の価値への再認識が住民に共有化され、集落の目指す方向が定まってきたのである。そのうえで、次のステップに進むために地域復興デザイン策定事業を取り入れている。

次のステップとは、池谷・入山集落では米の直販事業の本格化や移住者受け入れのための環境づくり、木沢集落では廃校を活用した民宿の開業、若栃集落では古民家を活用した農家民宿の開業、法末集落ではやまびこ活性化の具体的な取り組みである。これらは、それまでの積み重ねを活かした本格的な事業展開と位置づけられる。

四集落にとって計画づくりとは、集落が積み上げてきた経験から生まれた共通認識を確認し、それを書面に落としていくだけの作業だったのではないだろうか。一方、集落としての共通体験がないままに計画を立てようとすれば、一部住民や計画策定の支援に入るコンサルタントの意見でしかないのかもしれない。

なお、地域づくりの現場では、計画づくりからスタートする場合も多い。復興に向けた話し合いができていない集落に対して、地域復興デザイン策定支援事業の導入に向けて、行政から話し合いを促すケースもある。そのような場合は、計画策定自体に二〜三年かけて、住民の共通認識をつくっていくための実践活動を盛り込む必要があるだろう。

最後に、四集落にとって、計画づくりは外部への意志を発信するために重要であった。計画づくりには、集落が「何を目指し」「何をしているのか」を外部に向けて「可視化」するという意味がある。その結果、外部からの支援を引きつけられる。池谷・入山集落では、「集落の存続」や「日本の中山間地再生のモデルになる」という強い意志が計画に反映された。それが、集落を訪れる者に、「自分もその仲間になって一緒に活動したい」という気持ちをもたらし、移住という選択を生んだのである。

〈阿部　巧〉

4　移住・定住が地域づくりの目的ではない

移住者を受け入れる、その前に

近年、都会から地方・農山村への移住が増えている。その背景には、便利な都市の暮らしや物質的な豊かさとは別の価値を求める人が増えてきているのではないか。自然の中で暮らしたいという人もいれば、自己実現や社会貢献で農山村を目指す人もいる。人口減少や高齢化が進む農山村の多くは、「ぜひ我がまちに」と移住者の受け入れに積極的である。

では、なぜ、農山村は移住者を受け入れようとするのか。改めて、その意味を考えてみたい。まず、人口を増やしたいからだろう。だが、何のために人口を増やしたいのか？　そもそも日本全体の人口が減っているなかで、我がまちだけ人口を増やそうというのは無理ではないか？

この問いに対する答えは一つではないし、地域によっても違うだろう。本来は、地域が元気になることが目的であって、そのための手段として移住・定住が位置づけられるはずだ。ところが、ややもすると、移住者の受け入れ自体が目的化される。移住者が増えて人口が増えればＯＫとなりがちだ。

人口が増えれば、本当に農山村は幸せなのだろうか？　仮に一〇〇人が減ったとしても、その地域に魅力を感じる一〇人が移住してきたほうが、農山村にとって価値があるのではないか。そんな考え方があってもよいだろう。

また、移住に取り組むにあたっては、地域の熟度も大事な要素と言える。中越地方では、震災ボランティアやそこから派生した交流事業、そして復興活動や地域づくり活動をサポートする外部人材や支援員の存在によって、よそ者を受け入れる土壌が育まれ、彼らとの交流が地域に笑顔を増やしていった。だから、にいがたイナカレッジのようなインターンシップ事業も比較的スムーズに受け入れられたのである。

地域が閉鎖的であれば、よそ者に慣れるためのステップが必要となる。まず、体験事業や交流事業（短期間のツアー、数週間のインターンシップ、大学との連携など）からスタートしてみてもよいのではないだろうか。

移住者を受け入れようとする前に、地域の現状を見定め、「どんな地域であり続けたいのか」という思いを地域の中で語り、共有することが必要だ。その思いに共感して、移住者はやってくる。「こういうおとなになりたい」「こんな暮らしをしたい」というのが、移住を決意する大きな理由である。

どこの農山村も、自然は豊かだろう。ただ、そこに暮らす人たちの生き方や暮らしへの思いは、唯一無二の存在だ。よく「他地域との差別化」「オンリーワン」と言われる。地域の思いこそが、それにあたるだろう。生き生きと誇りを持って暮らし続けている地域に、都市住民は魅力を感じる。私たちも、地域の皆さんの思いを広く発信し続ける役割を今後も果たしていきたい。

都市から農山村への移住を考える、その前に

移住・定住について語られる際、必ずと言っていいほど「仕事」と「家」が話題になる。都市住民に移住への不安を聞いても、この二つが上位だ。しかし、「地域に仕事がない」「住む場所がない」というのは、果たして本当だろうか？　インターンシップ事業や地域おこし協力隊などを見ていると、疑問が湧いてくる。

まず前提として、農山村では一つの仕事を専業として生計を立てている人は少ない。多くは、二足や三足のわらじで仕事をしている。これが農山村の一般的なライフスタイルと言えるだろう。たしかに、一カ月三〇万～四〇万円の収入が得られる仕事はめったにない。一方、農業をしながら一カ月数万円の収入が得られる仕事を組み合わせるライフスタイルであれば、十分に可能性はある。いわゆる半農半Xだ。

インターンシップ事業や地域おこし協力隊では、地域の人たちと一緒に汗をかき、苦楽をともにし、「彼や彼女なら任せられる」という信頼が生まれると、ハローワークには掲載されない小さな仕事や、住まいの情報が集まってくる。たとえば、農水省の「田舎で働き隊」で、約半年間二〇代のインターン生を受け入れていた小千谷市の若栃集落。事業の終了が迫ってきたころ、イ

ンターン生が「この地域に残りたい」と表明した。

「あいつが住みたいと言ってる。何とかして、みんなで仕事を探すぞ！」

そこから、集落を巻き込んだインターン生の仕事探しが始まる。その動きは市役所にも飛び火し、結果的に小千谷市内の授産施設へ就職が決まった。これこそ、インターン生が勝ち取った地域との信頼関係がなせる技である。

また、ある地域おこし協力隊ＯＢは、こう話した。

「三年間活動して、『こういう仕事があるけど、どうだ？』という声が一つもかからなければ、その隊員にとって、その地域は合わなかったということではないだろうか。仮に定住しても、上手くいかないと思う」

非常に厳しい言い方ではあるが、うなずける部分もある。

もちろん、移住者の仕事づくりや家の確保に対する支援制度は必要である。ただ、ハローワークで条件のよい仕事を探したり、不動産業者や空き家バンクで家の情報を探し求めるよりも、ツアーやインターンシップ、あるいは地域おこし協力隊などの制度を活用して地域に飛び込み、一定期間過ごしながら、人やムラに学び、地域の人たちと信頼関係を築く。それが、間違いのない移住・定住を実現する最短ルートではないだろうか。

〈金子知也〉

5 個人を開き、集落を開き、地域を開く

出会いで心が開かれる

足湯ボランティアをご存じだろうか。阪神・淡路大震災で始まり、中越地震、そして東日本大震災に受け継がれている、ボランティア活動だ。左上の写真のように、被災者は足を湯につけ、ボランティアが手をマッサージする。体が温まり、手と手のふれあいで、自然と被災者の心が開き、素直な気持ちを話す。そして、話を聞いてもらえたことで被災者の心が軽くなる。ここでの被災者の言葉を「つぶやき」と呼んでいる。

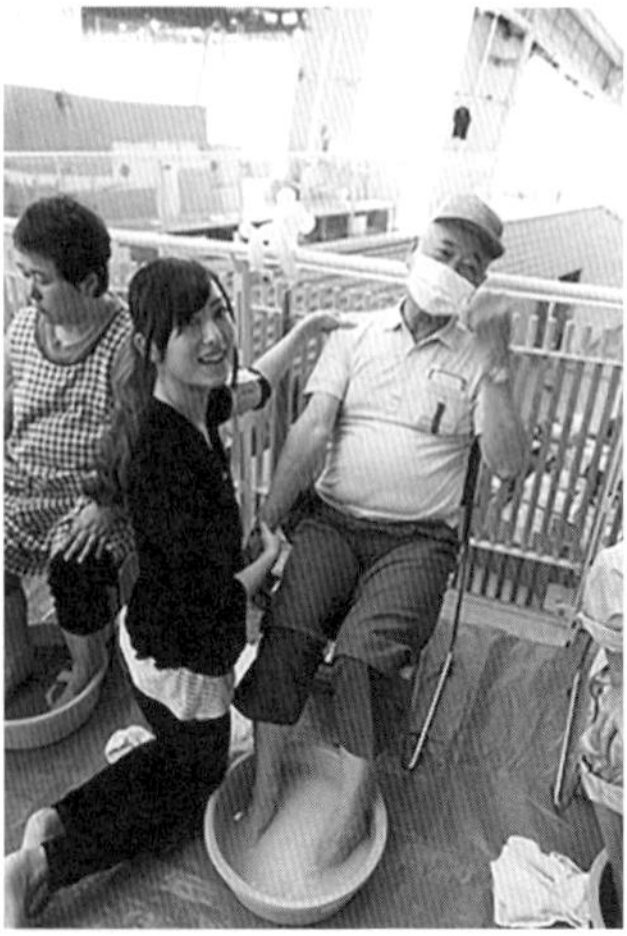
郡山市内の避難所での足湯
〈提供：「ビッグパレトふくしま避難所記」刊行委員会〉

福島第一原発事故後の郡山市内の避難所でも、足湯ボランティアが活躍した。そこでの避難者のつぶやきを紹介しよう。

「あぁ、温泉の香りいいねぇ。こうやって話を聞いてもらうと心が楽になる。私は、相手のテンションに合わせるようにしているの。元気のある人には元気に。気持ちが下が

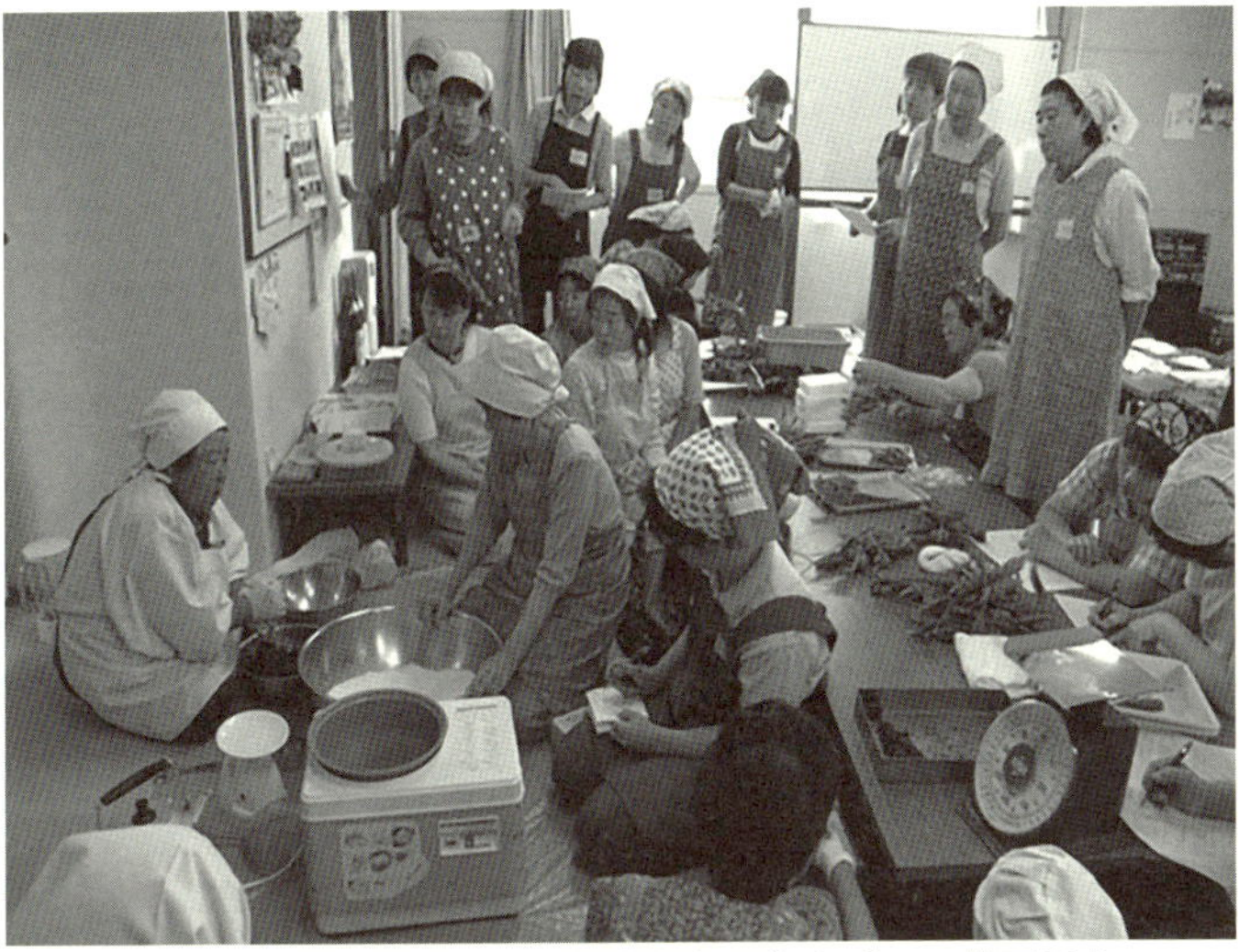
山古志の人びとが生活する仮設住宅の集会所での笹団子作り

っている人には私も合わせてね。私もいろいろ大変だったの。乳がんだったりしてね。でも、私が明るくしてなきゃね。頑張ってしまうのよね。あ〜、こうして話を聞いてもらうのが本当にうれしい。あら、足が柔らかくなった」（五〇代女性）

また、私が山古志災害ボランティアセンターで避難所支援をしていたとき、福祉関係者から言われた。

「このままだと、お年寄りが歩けなくなってしまう。あのおばあちゃん、山古志では畑も田んぼもやっていたのに。いまでは横になったきりで、自分の食事の支度さえできない」

この言葉をかけられるまでは、被災者は着の身着のまま故郷を離れて、かわいそうだから、できることは何でもお手伝いしよう、と考えていた。その後、他のボランティアと話し合い、今後の活動方針を決めた。

「できることは被災者自身で、できないことは被災者と一緒に」

声のかけ方も変えた。

「困っていることは何ですか」から、「どんな暮らしをしていましたか」に。

やがて、山古志のおばあちゃんから郷土料理の笹団子作りを教えてもらうイベントが生まれた。おばあちゃんはボランティアに笹団子の作り方を教える。ボランティアは作り方を習い、できた笹団子を美味しく食べる。持ち帰りもOKだ。ボランティアからは「おばあちゃんすごい」「笹団子美味しい」の言葉が自然とかけられる。その言葉に、おばあちゃんはこう答えていた。

「まだまだ若い人には負けていられないね、年寄りも元気でいなきゃいけないね」

市民会議の最初の移動井戸端会議を行った旧小国町の法末集落では、震災前から取り組んでいた小学校の廃校を活用した民宿施設の話を聞いた。

「震災前から過疎化・高齢化が進むなかで、集落では廃校を活用した都会との交流を行っていた。都会の子どもがいっぱい来ていた。交流が集落の元気の源。住民は、田植えから稲刈りまでのグリーンツーリズムにかかわり、作業が終わった後の交流が何よりも楽しみだった」

市民会議では、震災で壊れた民宿施設の再開のため、まず、法末まち歩きツアーを行った。ボランティアと住民が集落を一緒に歩き、地域の宝を見つけ出す取り組みだ。

「この花は何という名前ですか」「この神社はいつ建てられたのですか」という質問に、住民は

法末まち歩きツアーのワークショップ

自慢げに答える。暑い夏の日だったので、昼食は、流しそうめんとおにぎり。もちろん、自慢の野菜もたくさんそろっている。

「きゅうり最高」

「こんな美味しいおにぎり食べたことない」

「自然のなかの流しそうめんは格別」

そんな言葉があちこちで飛び交い、住民は誇らしげだ。

まち歩きツアーの最後は、ボランティアが気づいた地域の宝を住民に披露するワークショップ。そこで住民はこう答えていた。

「ここには良いところなど何もないと思っていたけれど、よその人から見てもらうと宝は一杯あるんだね。われわれが、この地域を守っていかなくちゃね」

なぜか、どのエピソードにも被災地独特の悲壮感がない。なぜなら、被災者もボランティアも笑顔だからだ。私には、この三つのエピソードがだぶってみえる。人と人との出会いが、互いを元気にする。ここでは、支援される—支援するという立場もなく、個人と個人が互いに心を開いている。そして、開いた人間同士が、互いのエネルギーを交換するかのように元気になっていく。

私は、ここから「開くこと」の大切さに気づいた。閉じていては、エネルギー交換は生まれない。

お互いの存在を認め合う

それでは、開いた状態とはどんな状態を指すのだろうか。私は、支援者が被災者の顔をつくりだすと考えている。支援者がかわいそうな被災者という顔をつくりだし、その顔を固定化させる。そこでは、被災者はかわいそうだから支援者が助けてあげなければならないという関係が生まれる。被災者は常に受け身で、いつまで経っても「支援をしてくれてありがとう」と言うほかない。これでは、被災者は心を閉ざしてしまう。

これは、山古志災害ボランティアセンターであの言葉をかけられる前の私たちの姿だ。支援者が被災者の顔をつくりだした結果が、横になったきりのおばあちゃんの姿である。

おばあちゃんは、箸の上げ下ろしまで手伝ってくれるボランティアに「ありがとう」と言うしかなかった。震災前までは畑も田んぼもやっていたのに。震災前は、畑や田んぼでできた野菜や米を隣近所や親せきにおすそ分けして喜ばれていた、被災者とは別の顔があったはずだ。私を含むボランティアは、この本来の顔の存在に思いを寄せず、かわいそうな被災者という顔をつくりだしていた。

三つのエピソードを思い返してみよう。いずれも、ボランティアは、被災者の日常の暮らしぶりに思いを寄せ、本来もっていた顔を引き出している。足湯ボランティアでは、他人を気遣い、気丈にふるまうお母さんの顔。笹団子作りでは、料理が得意なおばあちゃんの顔。法末まち歩きでは、集落の自然や歴史、暮らしぶりを誇らしげに語る住民の顔。

そして、ボランティアは、顔を引き出すと同時に、話を聞くという行為によって個人の存在を認めている。ここでは、ボランティアも被災者に存在を認められているのだ。「あ〜、こうして話を聞いてもらうのが本当にうれしい」という言葉は、私のことを聞いてくれる「あなた」という存在がいてよかったと伝えようとしている。

開いた状態とは、個人と個人が互いの存在を認め合っている状態を指すのではないか。一方、閉じた状態とは、個人と個人が互いに無関心、もしくは思い込みのなかで互いの顔をつくり、その固定化された顔で付き合いをしている状態ではなかろうか。

これは、過疎化・高齢化に悩む農山村の地域づくりの場面でも同様であろう。都会の人と農村の人が互いに無関心、もしくは農山村の住民はかわいそうだと思い、助けてあげなければならないと思い込んでいる支援者と、自分たちでは何もできないと思い込んでいる住民が固定化された関係で付き合いをしているのは、典型的な閉じた状態である。これは、いきなり掛け算のサポートをした場合と酷似している。

大切なのはプロセスのデザイン

一〇年間の復興プロセス(一六・一七ページ図3)を思い返してほしい。そのプロセスは、個人の主体性の醸成から始まった。まず、住民の日常に寄り添い(足湯ボランティアをイメージしてほしい）、外部とつながり、成功体験や共通体験を重ね（笹団子作り、まち歩きをイメージしてほしい）、住民の主体性を引き出す。次に、地域復興交流会議の開催や地域単位のネットワークの立ち上げによって、集落の将来ビジョンづくりと実践、地域同士の連携意識の醸成を進める。そして、地域の将来ビジョンづくりと実践、地域経営の仕組みづくりを地域単位のＮＰＯ法人の設立によって進めてきた。

このプロセスで大切にしていたのは、先ほどの気づき、すなわち「開くこと」である。

これまでの復興プロセスは、「開くこと」を繰り返してきたにすぎない。まず、一番小さな単位の個人を元気にした。そこで、開くことの大切さに気づき、その気づきを集落に応用し、さらに地域に応用してきたのだ。個人が開き、開いた個人が増えることで、集落が開く。開いた集落が増えることで、地域が開く。そして、開いた個人、集落、地域同士が、互いのエネルギーを交換するかのように元気になっていった。今後も、この気づきのもとで、より大きな単位を開き、より大きな単位同士が互いのエネルギーを交換することで元気になっていくのであろう。

これまでのプロセスをつくりだしてきた原理は、ごく簡単だ。とにかく開くこと。そして、開く単位を小さな単位から少しずつ大きくしていくこと。この原理のもとに、少しずつ大きくしていくための仕掛け（基金施策など）や場づくり（地域復興交流会議など）のイメージ（デザイン）を大切にした。この積み重ね（プロセス）が一〇年間の復興プロセスである。

うまくいかないこともあったし、悩んだこともあった。そんなときは、いつもこの原理に立ち返っていた。うまくいかないのは、小さな単位のアプローチを疎かにしていたときか、知らず知らずのうちに閉じる方向に進んでいたときと、相場が決まっていた。繰り返しになるが、「開くこと」が大切なのだ。閉じていては、エネルギー交換は生まれない。

この気づきは、どんな単位でも通用する。ただし、いきなり大きな単位を開こうとしても難しい。なぜなら、分子と原子の関係と同じで、地域は集落の結びつきで成り立ち、集落は個人の結びつきで成り立っているからだ。大きな単位を開くためには、一番小さな単位、すなわち個人を開いていかなければならない。

開いた状態とは、個人と個人が互いの存在を認め合っている状態である。そう考えるならば、農山村の地域づくりは難しいことではない。いきなり過疎化・高齢化の課題を解決しようとする必要もないし、農山村の再生計画がなければ進まないわけでもない。農山村の地域づくりは、農山村の課題や魅力に気づいた「あなた」が、心を開き、互いの存在を認め合うことから始めればよい。閉じていては、エネルギー交換は生まれない。

〈稲垣文彦〉

〈解題〉新しい復興・再生理論の誕生

小田切　徳美

理論書・記録書・実践書

二〇〇四年一〇月二三日。この日に発生した新潟県中越地震から、ちょうど一〇年が経過した。本書でも記されているように、その被害と影響は甚大で、人的被害のみならず、家屋の倒壊、田畑や山林の崩壊など、広く深く拡がり、復興の営みも困難を極めた。本書は、稲垣文彦氏をはじめとする五人の著者が、現地の実態、復興の現実と評価、そしてそこから導かれる今後の農山村再生のあるべき方向性について、まとめたものである。

筆者（小田切）はいつも思うことであるが、良書は必ず多面的な性格を持つ。本書で言えば、地域づくりにかかわる「理論書」として、またこの一〇年間の地域の変化をリアルに書き留めた「記録書」として、さらに復興・再生の勘どころをまとめた「実践書」として、多様な顔を持つ。そのいずれの面においても、高い水準の著作である。それは、五人の著者全員が被災直後から復興ボランティアとして現場にかかわり、集落の現場に身を置き、その後も仕事として復興支援にかかわっているからである、おそらく、著者たちでなければまとめきれなかった、各方面にとって待望の著作と言っても過言ではない。

「プロセス」「実態」「成果」「教訓」を論じる

著者たちが明らかにしていることは、各章のタイトルに即して言えば次のようになる。

第一に、震災以降の地域と支援者の「プロセス」の解明であり、それにより「なぜ『地域づくりの本質』が見えたのか」（第1章サブタイトル）が論じられている。第二に、復興過程の「実態」で、そこには「復興のすごみ、奥深さ」（第2章タイトル）を見ることができる。第三に、「震災復興が生み出したもの」（第3章タイトル）といえる「復興成果」である。そして第四に、「震災復興から地域づくりへ」（第4章タイトル）の視点から「復興の教訓」が語られている。

つまり、本書では復興の「プロセス」「実態」「成果」「教訓」のすべてが論じられているのである。これが本書の特徴であり、そこに彼らの一〇年間の活動の重みを感じることができよう。しかも、それぞれの章では貴重な事実や考え方が惜しげもなく示されている。筆者にとってとくに印象的な部分について、紙幅の制約もあるので、二つだけ拾い上げてみたい。

まず、第1章における「復興とは何か」という問いかけに注目してみよう。著者たちは言う。「災害で、さまざまなものが壊れた。それを元に戻す。『右肩下がり』の時代は『復旧≠復興』

で、壊れたものを元に戻すだけでは、いつまで経っても『災害前に比べて良くなったと感じること』ができない。（中略）それでは、右肩下がりの時代には、復興はいつまで経ってもできないのであろうか」（五三・五四ページ）

この問いは、すぐれて理論的な問題提起でもある。たとえば経済学は、国レベルの経済成長や個人レベルの所得の拡大をあるべき姿として追求してきた。しかし最近では、そもそも「幸福とは何か」が議論となり、幸福感をめぐる計測や分析を行う「幸福の経済学」が生まれ、脱成長時代の経済のあり方の議論が始まっているからである。

同様に著者たちは、本書全体として、「人口減少社会の豊かさ」を追求し、その軸から復興を考えている。各所で紹介される「人は減ったけれど、震災前よりも地域が元気になった」「盆踊りをしたとき、復興したなと感じた。昔に戻ったような気がした」「地震前、おれは孤独だった。だけど、いまは孤独じゃない。これが復興だ」という声は、幸福感ならぬ「復興感」を把握したものである。さらに、この延長線上に、集落の状態、とくに住民が復興活動にどれだけ参加したかによって復興感に差が生まれていることが把握されている。

この点は、東日本大震災からの復興過程に対しても重大な問題を提起する。ともすれば、道路、堤防、河川、農地などの物的復興が目標になりやすいなかで、改めて「復興感」に注目し、コミュニティレベルで対策が必要であることが示唆されるのである。

第二に注目したいのは、第2章で「復興のすごみ、奥深さ」として語られている復興過程の現実である。ここであげられている各集落・地域のプロセスは、それぞれ興味深い。とりわけ、「奇跡の集落」と呼ばれる十日町市池谷・入山集落の復興過程は印象的である。この集落には、復興に向けて立ち上がった明確な瞬間がある。本書では、次のように活写されている。

「二年以上にわたるボランティアの受け入れや米の直売事業の取り組みは、住民の考えを大きく変えた。集落のリーダー的存在である曽根武《そねたけし》さんが『ほんとはこの村を残したいんだ』と口に出し、みんながこの言葉に、堰を切ったようにうなずいたのである。池谷が好きで通ってくる多くのボランティアの存在、自慢の米の購入客とのつながり。これらが広がっていけば、『もしかしたら集落を残すことができるかもしれない』というわずかな希望が、住民に生まれていた」（七三ページ）

地域の復興や再生には、しばしばこうした瞬間がある。決して短くはない期間、地域はボランティアを受け入れながら、見えない形で変わっていた。そして、「この村を残したい」という言葉により、その変化が一挙に顕在化する。その後は、その言葉が、あたかも「言霊」のごとく集落を引っ張っていく。それ以前は、「集落の今後をどうしたいか」と問われても、「集落がなくなるとわかりきっているのに、そんなことは話し合いたくない」と誰もが思って、口をつぐんでいたのである。

ドラマのようだが、これは事実である。筆者も同じ地域でヒアリングをして、同じ言葉を聞いている。それがこのようにリアルに記録されていることに、大きな意味がある。さらに、「計画ではなく共通認識」と言われるように、震災復興か否かを問わず、このように地域で共通の思いを持ち、それを顕在化させることが地域再生の第一歩であることを、この記録が雄弁に語っている。そして、このプロセスの実践的応用範囲は著しく広い。

農山村再生への明確なメッセージ

こうした理論や記録を総括する形で、震災復興から全国の農山村再生の取り組みへのメッセージが第４章で語られる。指摘された五つの項目をそのまま示せば、次のとおりである。

①地域づくりの足し算と掛け算
②専門家ではない支援者が地域を変える
③計画ではなく共通認識
④移住・定住が地域づくりの目的ではない
⑤個人を開き、集落を開き、地域を開く

最初の二つが支援サイドの論理を語ったもので、③〜⑤は地域のあり方を論じたものである。

実は、筆者はこの五人の著者たちの応援団を自認し、さまざまな局面で彼らの声を聞いてきた。そのため断言できることであるが、著者たちのこれらの議論には、中越地方における現実以外に下敷きとなるものは存在しない。たしかに、本文ではいくつかの参考文献が引用されている。だが、それらはあくまで主張を補完するもので、もっぱら彼らの経験により発見されたオリジナルな提言である。

なかでも、とくに強く発信されているのは、①の「地域づくりの足し算と掛け算」理論である。これは、筆者の言葉で言えば、被災集落の復興のあり方を「V字型」回復ではなく「U字型」回復が当然と論じたものであり、従来の地域再生理論に強い見直しを迫っている。

中越地震の被災地域では、本書にも書かれているように、事業資金を背景にして、大手のコンサルタント会社を中心に復興計画をつくった集落があった。それにより、短期の「V字型」回復を目指したのであるが、残念ながら、多くの地域では多額の投資にもかかわらず、その取り組みは根付かなかった。一方、その対極に位置付けられるようなボランティアの学生などが関与する集落では、時間はかかり、さらに試行錯誤の過程もあったものの、住民が主体的に地域づくりにかかわるケースが多いという。

このようなコントラストの解明から生まれたのが、「地域づくりの足し算と掛け算」理論である。つまり、「U字」の「なべぞこ」の部分のように、まずは復興に向けたエネルギーを整え、地域を安定化させるプロセス(「足し算」)と、その後の大きく伸びる部分のプロセス(「掛け算」)とは本質的に異なる支援であり、またその主体が異なるというものである。先の池谷・入山地区は、まさにこのようにして再生に向かった。

この議論は、被災地だけでなく、一般の農山村に当てはまる。最近の地域おこし協力隊の活動はこの「足し算」の支援を目的とし、その十分な活動が「掛け算」の時期につながるという成果が各地で見られている。

①を代表に五点すべての提言が、そのまま農山村再生のポイントと言えよう。そして、その一部は著者たちの貢献もあり、中央省庁や地方自治体において政策化されてきた。

たとえば①と②からは、外部人材の重要性が導かれる。集落支援員が二〇〇八年に、地域おこし協力隊が二〇〇九年に、総務省により政策化された。その際、すでに活動していた中越地方における地域復興支援員の仕組みが参考にされたことは言うまでもない。さらに、二〇一一年の東日本大震災に際して設けられた復興支援員制度は、そのまま中越地方における仕組みを採用したものである。

③では、ワークショップや地元学運動の重要性が語られる。地域実践のための「計画づくり」は、いまではどこでも行われている。しかし、ともすれば、計画づくりそのものが目的化したり、逆に「計画慣れ」した地域が形式だけの計画をつくったりするケースも見られる。その点で、復興や再生において容易に提言される「計画づくり」は実は難問であり、計画はその中身が常に問われることになる。著者たちは、それを「計画ではなく共通認識」と喝破する。アウトプットとしての文字化された計画ではなく、そのプロセスにおける住民意識の共有化こそが重要であることがズバリ指摘されている。

そして④では、きめ細かい移住者支援の政策メニューが論じられる。すでに、地方自治体における外部人材の導入の際に、この提言は各所で意識され始めている。また⑤からは、都市農村交流の必要性が導かれる。そこで言われる個人、集落、地域を「開く」ためには、交流は必須の営みである。和歌山県や高知県など一部の都道府県では、この都市農山村交流の機能に注目した取り組みが生まれている。

「プロセス・デザイン派」の誕生

本書は復興研究と農山村研究の両面で、後世に残る仕事にちがいない。農山村研究は、ここ数年、厳しい実態に抗して再生に向かった動きの論理を解明し、理論面・実践面で大きく前進した。本書の登場は、その水準をさらに飛躍的に引き上げると言える。それは、本書のサブタイトルにあるように、「地域づくりの本質」がいかんなく掘り起こされているからである。

当然、それは単なる観察者ではなく、被災者と地域の中で汗をかき、ともに悩み、希望を捉えてきた著者たちだからこそ可能であった。悲劇の中からのこの大きな前進に対して、著者たちを心より讃えたい。

そして、おそらく本書を読了した読者は気がつくであろう。この本には、タイトルには現れていない通奏低音があることを。それは前述の①〜⑤に集中的に現れている、著者たちの「プロセスを大切にする」という姿勢であり、そして理論構成である。

復興支援のプロセス、地域の主体形成のプロセス、外部人材の地域定着のプロセス。著者たちは、こうしたプロセスを丁寧に解明し、プロセスごとに見えてくること、必要なことをデザインしようとしている。その点で、著者たちの農山村研究や政策提言は、この分野において独自の潮流を形成していると言えよう。それは「プロセス・デザイン派」と呼べるかもしれない。いまや、彼らの存在と影響力を無視することができないことは確かである。

本書による農山村研究の「プロセス・デザイン派」の誕生を、畏敬の念をもって喜びたい。

NPO法人くらしサポート越後川口「平成25年度事業報告書」2014年。

(公社)中越防災安全推進機構「第6回地域復興交流会議分科会E議事録」2014年。

移住女子『chuclu』第1号、2013年。

日野正基「中山間地域の暮らし、フリーペーパーで発信」『月刊地域づくり』2014年。

「地域社会雇用創造事業」共同企業体「社会的企業・人材創出へ挑む最前線」2012年。

公益社団法人中央畜産会「ふれあい動物「アルパカ」の導入による過疎山村地域の復興」(http://jlia.lin.gr.jp/signpost/49_k15.html)(2014年7月15日アクセス)。

内閣府男女共同参画局「東日本大震災からの復興に関する男女共同参画の取組状況調査」2013年。

第4章

吉川肇子ほか「技術的安全と社会的安心」『社会技術研究論文集』Vol.1、2003年。

杉万俊夫『「コミュニティのグループ・ダイナミックス」京都大学学術出版会、2006年。

小田切徳美編『「農山村再生に挑む——理論から実践まで』岩波書店、2013年。

総務省自治行政局過疎対策室「平成21年度版過疎対策の現状」2010年。

宮本匠「現代社会における災害復興に関する現場研究」2009年。

「ビッグパレットふくしま避難所記」刊行委員会『生きている、生きていく ビッグパレットふくしま避難所記』アム・プロモーション、2011年。

コラム

川島秀一『津波のまちに生きて』冨山房インターナショナル、2012年。

第２章
NPO 法人十日町市地域おこし実行委員会、水のふるさと いけたに・いりやま～あたりまえで奇跡のような山の暮らしの物語～」2012 年。

（公社）中越防災安全推進機構「第６回地域復興交流会議分科会Ｄ 議事録」2014年。

東洋大学福祉社会研究センター『山あいの小さなむらの未来—山古志を生きる人々—』博進堂、2013年。

長岡市「山古志６集落の再生の記録」2008年。

宮本匠「現代社会における災害復興に関する現場研究」2009年。

草郷孝好・宮本匠「住民による地域生活プロセス評価手法 新潟県長岡市川口木沢地区の導入事例」関西大学『社会学部紀要』第 43 巻第 2 号、2012年。

西澤卓也・澤田雅浩「中山間地域における計画策定の役割－新潟県長岡市小国町法末集落の計画と実践の歴史－」『日本建築学会学術講演梗概集 2012（農村計画）』2012年。

農村生活総合研究センター「雪国における地域資源を生かした活性化対策について－集落活動計画・新潟県小国町－」1989 年。

岡田知弘・にいがた自治体研究所編『山村集落再生の可能性――山古志・小国法末・上越市の取り組みに学ぶ』自治体研究社、2007年。

新潟県長岡市小国町法末「新潟県中越地震復旧復興の歩み 長岡市小国町法末～一山間地集落再生・復興への取り組みから」法末集落震災記録集編集委員会、2008 年。

藤井彰俊「中山間過疎地域の震災復興計画に関する考察—新潟県旧小国町法末集落における新潟県中越地震後の地区再生計画を評価して—」『2013 年度国立大学法人千葉大学卒業研究発表会［園芸学部緑地環境学科］要旨集』2013年。

澤田雅浩ほか「中越地震５年目の報告：NID と地域の関わり方」『長岡造形大学研究紀要』2010年。

わかとち未来会議「わかとち物語」2011年。

宮沙織「中山間地域における都市農村交流手法に関する研究」2011年。

第３章
長岡市「長岡方式の地域自治」2010年。
長岡市「地域委員会等に関する状況調査結果」2010年。
NPO 法人ＭＴＮサポート「平成 25 年度事業報告書」2014年。
NPO 法人中越防災フロンティア「平成 25 年度事業報告書」2014年。

参考文献

プロローグ

新潟県「平成16年新潟県中越大震災における被害状況について(最終版)」2009年。

新潟県「新潟県中越大震災復興計画【第二次】」2008年。

神野直彦『地域再生の経済学――豊かさを問い直す』中公新書、2002年。

第1章

稲垣文彦ほか「新潟県中越地震からの復興における中間支援組織の活動の変遷－中越復興市民会議、(社)中越防災安全推進機構復興デザインセンターの事例から－」『日本災害復興学会2009長岡大会講演論文集』2009年。

(公財)新潟県中越大震災復興基金ホームページ http://www.chuetsu-fukkoukikin.jp/

阿部巧ほか「中山間地域の災害における「支援員」の活動」『日本災害復興学会2009長岡大会講演論文集』2009年。

財団法人 山の暮らし再生機構「地域復興支援員活動実践レポート」2013年。

社団法人 中越防災安全推進機構 復興デザインセンター「平成20年度地域復興支援員研修会－報告書－」2008年。

社団法人 中越防災安全推進機構 復興デザインセンター「平成21年度地域復興支援員研修会－報告書－」2009年。

社団法人 中越防災安全推進機構 復興デザインセンター「平成22年度地域復興支援員研修会－報告書－」2010年。

山古志住民会議「やまこし夢プラン」2009年。

地域の人的支援研究会「地域の人的支援研究会中間とりまとめ『人的支援の可能性と課題』」2010年。

稲垣文彦ほか「被災した地域社会が災害復興を通して生活の安心感を形成するプロセスの要因－2004年新潟県中越地震被災地における復興プロセスの分析から－」『日本災害復興学会論文集』NO,4、2013年。

復興プロセス研究会「平成25年復興評価・支援アドバイザリー会議資料」2013年。

復興プロセス研究会「平成26年復興評価・支援アドバイザリー会議資料」2014年。

小田切徳美『農山村再生――「限界集落」問題を超えて』岩波ブックレット、2009年。

あとがき

最近、「人口減少」「地方創生」という言葉が世間を騒がしている。「地方消滅」という過激な言葉も登場した。一方で、「田園回帰」という言葉も二〇一一年の東日本大震災以降よく耳にする。新潟県中越地震から一〇年目を迎える年に、こうした議論が起きたことは、果たして偶然なのだろうか。

本書の発刊の背景には二つの思いがある。ひとつは、震災でお世話になった全国の皆さまに感謝するとともに、震災で得た経験や教訓をもとに、とくに過疎化・高齢化に悩む農山村に暮らす皆さまにエールを送りたいという思いだ。もう一つは、農山村にかかわるなかで自分らしい生き方を模索している若者世代にエールを送りたいという思いである。

私は一九六七年に、長岡市郊外のサラリーマン家庭に生まれた。丙午《ひのえうま》の翌年で、山ほど同級生がいて、小・中学校はプレハブ校舎、高校は新設校。大学時代はバブル絶頂期の東京で暮らし、就職にも困らなかった。震災前までは何不自由のない恵まれた環境で暮らし、この暮らしが今後も続く、いや、続いてほしいと思っていた。

そんな私は震災以降、農山村の皆さまとの出会いで「たくましさ」を学んだ。震災があっても、自分たちで道路を直し、農作物を育て、住民同士の支え合いで自らと家族と地域を守る「たくましさ」だ。従来の社会構造に守られて生きてきた私などは、足元にも及ばない。また、農山村にかかわるなかで、自分らしい生き方を模索する若者世代との出会いで「しなやかさ」を学んだ。本書の著者の阿部巧は旧川口町に移り住み、住民たちと田んぼを耕し、金子知也は東京から長岡に移り住み、いずれも立派に子育てしている。この「しなやかさ」は、生き方を変えることに臆病な世代からすると羨ましくも感じる。

私は、「たくましさをもつ農山村」と「しなやかさをもつ若者世代」が掛け合わされることで、人口減少社会にふさわしい新たな社会構造が創り出されていくのではないかと考えている。

発刊にあたっては、たくさんの皆さまにお世話になった。まず、本書の出版を後押しいただき、多忙ななかで解題をご執筆いただいた小田切徳美先生。そして、執筆に際してわれわれを手取り足取り丁寧にご指導いただいたコモンズの大江正章さん。本書の生みの親であるお二人に感謝したい。さらに、われわれをここまで成長させてくれた本書で登場する皆さまはもちろん、これまで出会ったすべての皆さま、とくに復興プロセス研究会のメンバーに感謝したい。この研究会の議論がなければ、本書の出版はなかった。最後に、先行き不安な道を歩むわれわれを支え続けてくれた家族に感謝しつつ、復興の道なかばで亡くなられた皆さまに本書を捧げたい。

二〇一四年九月一九日

全国の地域おこし協力隊員と集落支援員が集まり、夜通し熱く議論した研修所の朝方のロビーにて

稲垣　文彦

【著者紹介】
稲垣文彦(いながき・ふみひこ)
1967年生まれ。中越防災安全推進機構復興デザインセンター長。
担当＝プロローグ、第1章1・3、第2章2、第4章1・5、コラム1
阿部　巧(あべ・たくみ)
1980年生まれ。中越防災安全推進機構復興デザインセンターチーフコーディネーター
担当＝第2章1・3・4、第3章1・2、第4章2・3
金子知也(かねこ・ともや)
1977年生まれ。中越防災安全推進機構復興デザインセンターチーフコーディネーター
担当＝第1章2、第3章4、第4章4
日野正基(ひの・まさき)
1987年生まれ。中越防災安全推進機構復興デザインセンターコーディネーター
担当＝第2章5、第3章3
石塚直樹(いしづか・なおき)
1980年生まれ。特定非営利法人せんだい・みやぎNPOセンターみやぎ連携復興センター事務局長(中越防災安全推進機構より出向中)
担当＝コラム2・3
小田切徳美(おだぎり・とくみ)
1959年生まれ。明治大学農学部教授。
担当＝解題

震災復興が語る農山村再生
二〇一四年一〇月二三日　初版発行
二〇一四年一二月　一　日　二刷発行
著　者　稲垣文彦ほか

発行者　大江正章
発行所　コモンズ
東京都新宿区下落合一—五—一〇—一〇〇二
TEL〇三（五三八六）六九七二
FAX〇三（五三八六）六九四五
振替　〇〇一一〇—五—四〇〇一二〇
info@commonsonline.co.jp
http://www.commonsonline.co.jp/
印刷・東京創文社／製本・東京美術紙工
乱丁・落丁はお取り替えいたします。
ISBN 978-4-86187-119-1 C 1036

＊好評の既刊書

放射能に克つ農の営み　ふくしまから希望の復興へ
●菅野正寿・長谷川浩編著　本体１９００円＋税

原発事故と農の復興　避難すれば、それですむのか?!
●小出裕章・明峯哲夫・中島紀一・菅野正寿　本体１１００円＋税

ぼくが百姓になった理由《わけ》　山村でめざす自給知足〈有機農業選書３〉
●浅見彰宏　本体１９００円＋税

食べものとエネルギーの自産自消　3・11後の持続可能な生き方〈有機農業選書４〉
●長谷川浩　本体１８００円＋税

地域自給のネットワーク〈有機農業選書５〉
●井口隆史・桝潟俊子編著　本体２２００円＋税

農と言える日本人　福島発・農業の復興へ〈有機農業選書６〉
●野中昌法　本体１８００円＋税

半農半Xの種を播く　やりたい仕事も、農ある暮らしも
●塩見直紀と種まき大作戦編著　本体１６００円＋税

土から平和へ　みんなで起こそう農レボリューション
●塩見直紀と種まき大作戦編著　本体１６００円＋税

本気で５アンペア　電気の自産自消へ
●斎藤健一郎　本体１４００円＋税

「幸福の国」と呼ばれて　ブータンの知性が語るＧＮＨ
●キンレイ・ドルジ著、真崎克彦・菊地めぐみ訳　本体２２００円＋税

脱成長の道　分かち合いの社会を創る
●勝俣誠／マルク・アンベール編著　本体１９００円＋税